U0242996

中等职业学校示范校建设成果教材

建筑施工图识读

主　编　陈大红
副主编　王　松　谭　伟　黄剑雄
主　审　陈玉明

机械工业出版社

本书是遵循"行动导向"理论，采用任务驱动形式，为培养学生建筑施工图识读能力而编写的。全书共设置制图标准初步认识与制图工具的使用、工程形体表达、建筑施工图识读三个情境共计12个任务。内容涵盖国家最新建筑标准与规范，尺规作图仪器与工具使用，几何体三视图、轴测图及剖视表达，建筑施工图识读与抄绘等。此外，本书还配套相应的任务工单及图纸文件。

本书可作为中等职业学校建筑类专业教材，亦非常适合自学参考。

为方便教学，本书配有相应的电子课件，凡选用本书作为授课教材的教师均可登录 www.cmpedu.com，以教师身份注册下载。编辑咨询电话：010-88379934。

图书在版编目（CIP）数据

建筑施工图识读/陈大红主编. —北京：机械工业出版社，2014.7
（2019.1 重印）
中等职业学校示范校建设成果教材
ISBN 978-7-111-46684-0

Ⅰ.①建…　Ⅱ.①陈…　Ⅲ.①建筑制图-识别-中等专业学校-教材
Ⅳ.①TU204

中国版本图书馆 CIP 数据核字（2014）第 096588 号

机械工业出版社（北京市百万庄大街22号　邮政编码100037）
策划编辑：刘思海　责任编辑：刘思海　版式设计：霍永明
责任校对：丁丽丽　封面设计：马精明　责任印制：孙　炜
北京中兴印刷有限公司印刷
2019 年 1 月第 1 版第 3 次印刷
184mm×260mm·16.5 印张·339 千字
2001—3000 册
标准书号：ISBN 978-7-111-46684-0
定价：39.80 元

凡购本书，如有缺页、倒页、脱页，由本社发行部调换
电话服务　　　　　　　　　　网络服务
社服务中心：(010)88361066　教材网：http://www.cmpedu.com
销售一部：(010)68326294　机工官网：http://www.cmpbook.com
销售二部：(010)88379649　机工官博：http://weibo.com/cmp1952
读者购书热线：(010)88379203　**封面无防伪标均为盗版**

前　言

　　本书是在国家职业教育深化改革和示范校项目建设背景下组织编写的。本书摒弃了传统教材片面追求知识系统性、完整性的弊端，充分考虑中职教育的特点，遵循"行动导向"理论，采用任务驱动形式，将理论知识按操作性教学任务的需要进行了重组和序化。任务组织依据从简单到复杂、从单一型到综合型的原则进行设计，符合学生认知规律。完成了操作性教学任务即掌握了相应的知识和技能，动手机会多、参与性强，契合职业教育学生的特点，能较大地调动学生的学习积极性。

　　使用本书有以下几点需要注意：

　　1）教学过程以学生为中心，教师为主导。建议采用"资讯——计划——决策——实施——检查——评估"的行动过程。学生在教师的指导和帮助下努力独立或分组完成教学任务，培养学生自主探究、操作尝试、讨论分析、相互协作以及交流沟通的能力。

　　2）教学的目标是为完成工作任务而不是储备知识。"做中学、学中做"，全方位调动眼、耳、口、手等感触器官，追求学习效率最大化，实现操作经验与知识的同步积累。减少"学的没用，用的没学"情况的发生。

　　3）倡导课堂充分互动，包括师生互动和生间互动。教学是多边交流活动，交流的充分度，决定了信息传递的准确度。

　　4）改进评价方式，重视过程评价。专业能力、方法能力、社会能力的重要性已得社会一致认同，但其远非一场考试所能测试。所以将学生学习过程全方位表现的观测记录作为学业成绩依据更具可靠性。

　　本书由陈大红担任主编，王松、谭伟、黄剑雄担任副主编，参加编写的还有陈镜宇、李林玲、刘婵洁、邓易姝、李雪玲等，本书由陈玉明担任主审。感谢袁林、刘德丽、王青春等老师对教材提出宝贵的建设性建议。

　　限于编者的水平与经验，虽然我们已竭尽全力，但书中仍难免错误与疏漏，恳请读者及同行批评指正。

编　者

目　　录

房屋施工图概况

一、房屋的类型及其组成部分

1. 房屋的分类

房屋按使用功能可以分为：

（1）民用建筑　如住宅、宿舍等，称为居住建筑；如学校、医院、车站、旅馆、剧院等，称为公共建筑。

（2）工业建筑　如厂房、仓库、动力站等。

（3）农业建筑　如粮仓、饲养场、拖拉机站等。

2. 房屋的组成

各种不同功能的房屋，一般都是由基础、墙、柱、梁、楼板层、地面、楼梯、屋顶、门、窗等基本部分所组成；此外，还有阳台、雨篷、台阶、窗台、雨水管、明沟或散水，以及其他构配件，如图 0-1 所示。

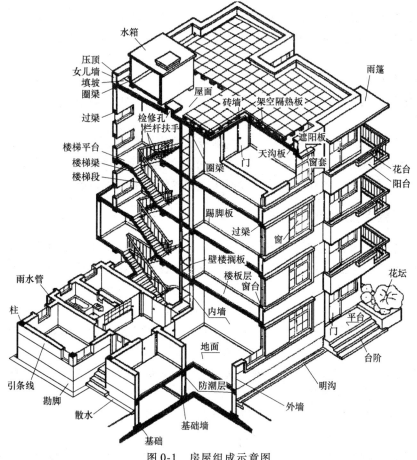

图 0-1　房屋组成示意图

（1）基础　基础位于墙或柱的下部，是承重构件，起支承建筑物的作用，并把建筑物的全部荷载传递给地基。

（2）墙　墙起围护房屋空间和分隔房屋内部空间的作用。按受力情况可分为承重墙和非承重墙，承重墙还起承受和传递荷载给基础的作用；按位置分为外墙和内墙，按方向分为纵墙和横墙。

（3）柱　柱是将上部结构所承受的荷载传递给基础的承重构件。

（4）梁　梁是将支承在其上的结构所承受的荷载传递给墙或柱的承重构件。

（5）楼板层与地面　楼板层与地面将房屋的内部空间按垂直方向分隔成若干层，并承受作用在其上的荷载，连同自重一起传给墙或其他承重构件。

（6）楼梯　楼梯是房屋各楼层之间的垂直交通设施，为上下楼层用。

（7）屋顶　屋顶位于房屋的最上部，它是承重结构，也是围护结构，承受作用在其上的荷载，连同自重一起，传给墙或其他承重构件，同时起抵御风霜雨雪和保温隔热等作用。

图 0-1 的屋顶是平屋顶，屋面板上设有天沟，屋面上的雨水由天沟经雨水管、室外明沟，排至下水道；外墙伸出屋面向上砌筑的矮墙，称女儿墙，顶部通常还有钢筋混凝土压顶，用来防护女儿墙受雨水浸透和增强女儿墙的整体性；为了通风隔热，在屋面上砌筑了砖墩，上铺架空隔热板，形成屋顶上的一个空气通风层，以减少顶层住户所受的辐射热；此外，屋面上还有供上人修理的检修孔，以及供三层和四层住户用水的水箱。

（8）门、窗　门的主要功能是交通和疏散；窗的主要功能是采光和通风，还可供眺望之用。

我国现阶段民用建筑常采用两种建筑结构形式，即砖混结构和钢筋混凝土结构。厂房和高层以上建筑常用钢筋混凝土结构，一般高层以下的民房常用砖混结构。图 0-1 所示为砖混结构。

中小型民用建筑的屋面板、楼板、架空地板、楼梯平台板等构件，常用现浇的钢筋混凝土实心板或预制的预应力钢筋混凝土多孔板。过去预制的多孔板用得较多，21 世纪以来则现浇的实心板用得较多，图 0-1 所示的这幢住宅用的是现浇的实心板。

二、房屋施工图的产生及分类

建造一幢房屋，要经过设计和施工两个阶段。首先，根据所建房屋的要求和有关技术条件，进行初步设计，绘制房屋的初步设计图。当初步设计经征求意见、修改和审批之后，就要进行建筑、结构、设备（给排水、暖通、电气）各专业间的协调，计算、选用和设计各种构配件及其构造与做法；然后进入施工图设计，按建筑、结构、设备（水、暖、电）各专业分别完整、详细地绘制所设计的全套房屋施工图，将施工中所需的具体要求，都明确地反映到这套图纸中。

房屋施工图是建造房屋的技术依据，是直接用来为施工服务的图纸。整套图纸应该完整统一、尺寸齐全、明确无误。房屋的施工图通常有：建筑施工图、结构施工图、设备施工图，简称"建施""结施""设施"。而设备施工图则按需要又有给排水施工图、采暖通风施工图、电气施工图等，简称"水施""暖施""电施"。

房屋工程图纸按专业顺序编排应为：建施图、结施图、给排水图、暖通空调图、电气图等。各专业施工图的编排顺序是全局性的在前，局部性的在后；先施工的在前，后施工的在后；重要的在前，次要的在后。

　　本书研讨对象是房屋建筑施工图，正确识读房屋建筑施工图需具备以下几个方面的基本知识：第一，熟悉房屋建筑制图相关标准和规范，如绘图中关于图线的约定，各种图例的含义和画法，详图索引和详图的相关规定等；第二，掌握建筑施工图中形体的表达方式，如正投影、轴测图、剖视原理等；第三，具备相应的建筑材料和房屋构造知识（可参阅相关教材，本书不深入谈论）。书中将分情境按任务进行讲解。

情境一　制图标准初步认识与制图工具的使用

情境概述

　　图纸是工程界的语言，是设计师与工程师的交流工具。按制图标准进行绘图，对于减少设计工作量、降低读图难度、美化图面、保存图纸等具有重要的现实意义。制图工具对学生而言犹如战士手中的钢枪，认识制图工具、熟悉制图工具、熟练运用制图工具和正确保管制图工具是跨入建筑工程行业的第一步。

　　本情境我们将完成标准 A4 图纸的制作、字符的书写、平面图形的绘制三个操作性学习任务，引导学生熟悉相关建筑制图标准，初步建立标准意识；认识手绘工具与仪器，并尝试尺规作图，逐步训练耐心、细致、严谨的工作作风。

情境名称	任务分解	知识点
情境一　制图标准初步认识与制图工具的使用	任务一　标准 A4 图纸的制作	国家标准关于图幅、图框、标题栏、会签栏及其相应图线的规定
		铅笔、橡皮、图板、丁字尺、三角板的认识和使用
	任务二　字符的书写	国家标准关于汉字和符号书写的相关规定
	任务三　平面图形的绘制	尺寸标注与尺寸分析、圆弧连接的方法
		圆规的认识和使用方法

任务一　标准 A4 图纸的制作

一、任务描述

　　本任务通过完成任务工单中立式 A4 标准图纸（见图 1-1）的制作，来认识手工作图工具并学习其使用方法；理解图线的分类，掌握细实线、粗实线的画法及应用。

二、任务目标

1. 理解标准化的意义。
2. 熟悉技术制图的基本规定（图纸幅面、标题栏、会签栏、图线相关规范）。
3. 认识图板、丁字尺、三角板、铅笔、橡皮擦、作图工具，学习其使用方法。

三、相关知识

（一）图幅和格式

1. 图纸幅面

1）基本幅面：5 种，A0、A1、A2、A3、A4，其尺寸关系见表 1-1 和图 1-2，作图优先采用基本幅面。

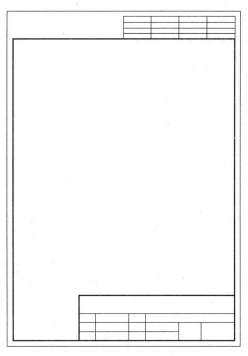

图 1-1　立式 A4 标准图纸

2）加长幅面：必要时采用加长幅面（参见《房屋建筑制图统一标准》（GB 50001—2010）中表 3.1.3）。

表 1-1　图纸幅面代号及尺寸

尺寸代号 　＼　幅面代号	A0	A1	A2	A3	A4
$b \times l$	841 × 1189	594 × 841	420 × 594	297 × 420	210 × 297
c	10			5	
a	25				

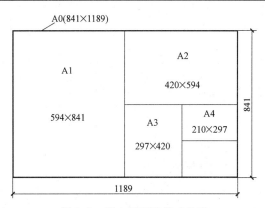

图 1-2　基本幅面的尺寸关系

🔧 **小提示**

　　学校领出来的是非标准图纸，需要事先测量尺寸，合理分解，以减少图纸浪费。

2. 图框格式

1）图纸上必须用粗实线画出图框，建筑制图常见线型及用途见表1-2。

表1-2　建筑制图常见线型及用途

名称		线型	线宽	一般用途
实线	粗		b	主要可见轮廓线
	中粗		$0.7b$	可见轮廓线
	中		$0.5b$	可见轮廓线、尺寸线、变更去线
	细		$0.25b$	图例填充线、家具线
虚线	粗		b	见各有关专业制图标准
	中粗		$0.7b$	不可见轮廓线
	中		$0.5b$	不可见轮廓线、图例线
	细		$0.25b$	图例填充线、家具线
单点长画线	粗		b	见各有关专业制图标准
	中		$0.5b$	见各有关专业制图标准
	细		$0.25b$	中心线、对称线、轴线等
双点长画线	粗		b	见各有关专业制图标准
	中		$0.5b$	见各有关专业制图标准
	细		$0.25b$	假想轮廓线、成型前原始轮廓线
折断线	细		$0.25b$	断开界线
波浪线	细		$0.25b$	断开界线

关于线宽组的有关知识详见《房屋建筑制图统一标准》（GB 50001—2010）中表4.0.1。

✐练一练

在练习本上尝试绘制中等宽度的实线、单点长画线和虚线。

2）图框格式有横式和立式幅面之分。一般 A0~A3 宜横式使用，如图1-3所示。

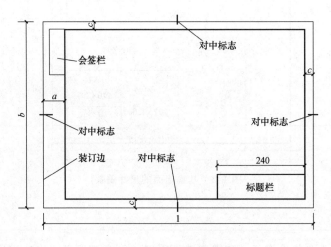

图1-3　A0~A3横式幅面

必要时也可用立式，如图 1-4 所示。

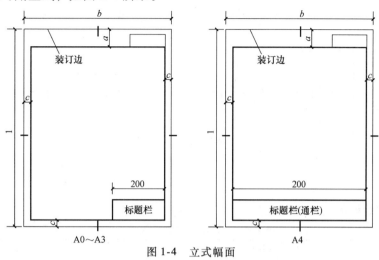

图 1-4　立式幅面

（二）会签栏

通过对施工图实施会签控制，对有关专业之间的配合关系及互提资料、数据是否准确落实无错漏进行最终审查、确认，从而使出图成果（设计产品）满足项目及相关规范、标准要求，确保工程设计质量。

会签栏是为完善图纸、施工组织设计、施工方案等重要文件时按程序报批的一种常用形式。会签栏在建筑图纸上是用来表明信息的一种标签栏，其尺寸应为 100mm × 20mm，栏内应填写会签人员所代表的专业、姓名、日期（年、月、日）。一个会签栏不够时，可以另加一个，两个会签栏应该并列，不需要会签的图纸可以不设会签栏。会签栏用细实线按图 1-5 绘制。

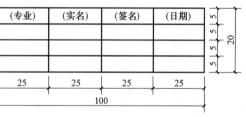

图 1-5　会签栏格式和尺寸

（三）标题栏

1）每张图纸必须画标题栏。

2）标题栏画在图框的右下角。标题栏一般应包含的内容如图 1-6 所示，标题栏的格式

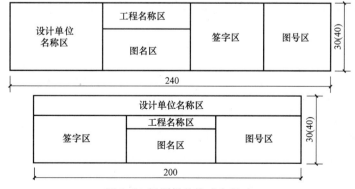

图 1-6　标题栏的格式和尺寸

和尺寸各单位各有不同。

3）本课程作业要求的标题栏格式和尺寸如图 1-7 所示。

（校名）						16
班级		图名				8
姓名		比例		成绩		8
学号		日期				8
15	30	15	30	20	30	
			140			

图 1-7 课程作业标题栏

4）标题栏绘制的线宽要求见表 1-3。

表 1-3 图框线、标题栏线的宽度

幅面代号	图框线	标题栏外框线	标题栏分隔线
A0、A1	b	$0.5b$	$0.25b$
A2、A3、A4	b	$0.7b$	$0.35b$

（四）比例

1. 术语

1）比例：图中图形与其实物相应要素的线性尺寸之比。

2）原值比例 =1，即 1:1。

3）放大比例 >1，如 2:1。

4）缩小比例 <1，如 1:2。

2. 比例系列（见表 1-4）

1）需要按比例绘制图纸时选用"优先选择系列"的比例。

2）必要时也可选用"允许选择系列"中的比例。

表 1-4 比例

种类	优先选择系列		允许选择系列
原值比例	1:1		—
放大比例	5:1　2:1　$5 \times 10^n:1$		4:1　2.5:1　$4 \times 10^n:1$
	$2 \times 10^n:1$　$1 \times 10^n:1$		$2.5 \times 10^n:1$
缩小比例	1:2　1:5　1:10　$1:2 \times 10^n$　1.5×10^n　$1:1 \times 10^n$		1:1.5　1:2.5　1:3　1:4　1:6

🔧 **小提示**

n 为正整数。

3. 标注方法

1）比例符号以"："表示，如 1:1、2:1 等。

2）比例一般写在标题栏中的比例栏内。

🔧 **小提示**

不论采用何种比例，在图纸中标注尺寸数值必须标注实际大小，与图形的比例无关，如

图 1-8 所示。

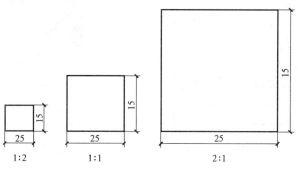

图 1-8　比例与尺寸数字

（五）图板

图板一般用胶合板制成，用来铺放和固定图纸，如图 1-9 所示，较为光滑平整的一面为工作面。图板的一个短边为工作边，尺寸和形状精度最高。图板有多种规格，其尺寸比同号图纸尺寸略大，根据需要选用。

🔧 小提示

使用时，注意保持图板的整洁完好，避免图板受潮或高温，防止板面翘曲开裂。

（六）丁字尺（见图 1-9）

1）构成：由尺头和尺身组成，材料常为有机玻璃。

2）作用：主要用来画水平线。

3）使用方法：绘图时，尺头的右侧（也叫导边）应紧靠在图板的左侧边上下滑动，铅笔尖紧靠丁字尺从左到右，即可画水平线，如图 1-10 所示。切勿把丁字尺头靠图板右边、上边或下边画线，也不得用丁字尺下边缘画线。丁字尺不使用时应悬挂，防止尺身变形。

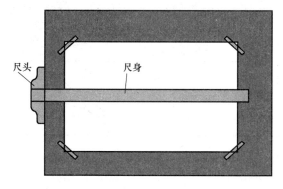

图 1-9　图板与丁字尺

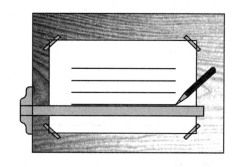

图 1-10　丁字尺和图板配合画水平线

（七）三角板

三角板一副两块，分别为 45°和 30°（60°），规格 25cm 以上。作用：和丁字尺配合画垂直线（见图1-11）；丁字尺和两块三角板配合可以画出 15°角整倍数的斜线（见图 1-12）、平行线和一些常用的特殊角度（15°、75°、105°等）。

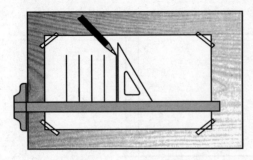

图 1-11　垂直线的画法

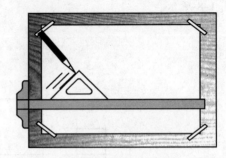

图 1-12　倾斜线的画法

（八）铅笔

铅笔分为硬（代号 H）、中（代号 HB）、软（代号 B）三种。标号如下：

6H 5H 4H 3H 2H H HB B 2B 3B 4B 5B 6B

越硬　　　中　　　越软

绘制图纸底稿时，采用 2H 或 3H 铅笔，并削成尖锐的圆锥形；描黑底稿时，采用 B 或 2B 铅笔，削成扁平状。

小提示

铅笔应从没有标号的一端开始使用。

铅笔的削法，见表 1-5。

表 1-5　铅笔的削法

名称	用途	软硬代号	削磨形状	图例
铅笔	画细线	2H 或 H	圆锥	≈7　≈18
	写字	HB	钝圆锥	
	画粗线	B 或 2B	截面为矩形的四棱柱	d

练一练

尝试尽量标准地削制铅笔。

小提示

正确地使用和维护绘图工具，是保证绘图质量和加快绘图速度的一个重要方面。因此，必须养成正确使用、维护绘图工具的良好习惯。

四、任务实施

结合情境一任务一的任务工单，按照表 1-6 的实施流程完成本任务。

表 1-6 情境一任务一实施流程表

过程		工作内容	学生活动	教师活动
1. 教育		"5 + 1"教育内容	思考、讨论	教师讲解
2. 教学	2.1 咨询	学生获得任务信息：要做什么？为完成该任务进行信息和材料准备	阅读教学任务书、明确任务 查阅教材等资料	下发任务书 给定时间等框架条件进行分组
	2.2 策划	学生小组讨论：如何裁剪图纸减少损耗？怎样保证图线漂亮？怎样保持图面整洁？制定工作程序	设计 A4 图纸的制作计划，准备资源	咨询各种可能性，引导学生探寻、实现任务的途径
	2.3 决策和计划	小组分析比较各方案，选定最优方案完善后作为实施方案；进行计划制订	小组讨论、比较并和教师交流确定执行方案；制订实施计划	关注学生活动 尊重学生思考，在学生有重大失误时干预
	2.4 实施及控制检查	实际执行工作	准备工具、材料；裁纸、画图框、标题栏和会签栏	咨询、质疑、提供帮助
	2.5 成果展示与评价	针对成果展开学生自评、互评和教师评价。师生一起总结工作，肯定成绩，指明问题	做陈述，展示成果，项目小结 学生互评	总结评价，问题归纳与解决 选出优秀、示范作品

五、课后作业

自制横式、立式标准 A4 图纸各一张备用。注意竭力使图纸标准、美观。

任务二 字符的书写

一、任务描述

本任务将制作任务工单中的立式 A4 标准图纸（见图 1-13），并按要求绘制格子，完成相应的字符书写练习，复习图纸制作知识，领会建筑施工图中的文字书写、字符标注的相关要求及掌握基本书写要领。

二、任务目标

1. 掌握技术制图的相关基本规定（图纸幅面、标题栏、会签栏、图线相关规范）。
2. 熟悉图板、丁字尺、三角板、铅笔、橡皮擦、圆规等工具仪器的使用方法。
3. 掌握长仿宋字和字符的书写要领。

三、相关知识

工程图中书写的文字、数字或符号等，均应笔画清晰、字体端正、排列整齐，标点符号

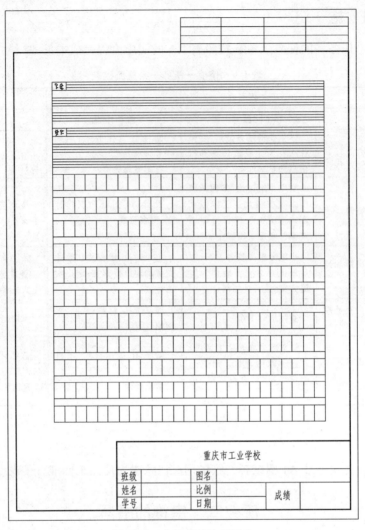

图 1-13　字符书写练习格式

应清楚正确。

（一）文字

1）图纸及说明中的汉字，宜采用长仿宋体，同一图纸字体种类不应超过两种。

2）汉字简化书写，必须符合国务院公布的《汉字简化方案》和相关规定。

3）长仿宋体书写要领：横平竖直、起落分明、粗细一致、钩长锋锐、布局均匀、填满方框。

🔧 小提示

"填满方框、粗细一致"最容易做到，是仿宋字初习者的首要突破方向；"起落分明、钩长锋锐"是仿宋字的基本特征，应时时将练习结果与标准字比对，找差距、求进步；"横平竖直、布局均匀"则是基本功夫，无法一蹴而就，需要长时间的训练和体会，是信心和耐性的磨炼。

4）长仿宋字基本笔画见表1-7。

5）长仿宋体字结构分析见表1-8。

6）长仿宋字高宽关系见表1-9。

小提示

推荐图书《钢笔仿宋字技法》，史云鹏编著，金盾出版社。

7）汉字也可采用黑体，黑体字宽度与高度相等。

表1-7　长仿宋字基本笔画

名称	横	竖	撇	捺	挑	点	钩	
形状	一	丨	丿	乀	乁	丶	𠃌	乚
笔法	一	丨	丿	乀	乁	丶	𠃌	乚

表1-8　长仿宋字结构分析

类型	字　　例	
独体字	工 业 米 千 与 上下对称 左右对称 中点对称 近似对称 不对称型	
合体字	上下结构	要 等 崖 上下结构 上中下结构 多层结构	多 武 森 器
	左右结构	科 明 班 左右结构　　左中右结构	
	包围结构	图 同 间 匚 司 全包围　　半包围　　　　角包围	

表1-9　长仿宋体高宽关系　　　　　　　（单位：mm）

字高	20	14	10	7	5	3.5
字宽	14	10	7	5	3.5	2.5

✎ 练一练

按 10 号和 7 号两种字号，自打格子抄录表 1-8 中长仿宋字练习。

（二）数字和字母

1）图纸及说明中的阿拉伯数字、拉丁字母与罗马数字，宜采用单线简体或 ROMAN 字体。数字和字母有正体和斜体之分，如图 1-14 所示。

ABCDEFGHIJKLMN
OPQRSTUVWXYZ
0123456789

ABCDEFGHIJKLMN
OPQRSTUVWXYZ
0123456789

I II III IV V VI VII VIII IX X

I II III IV V VI VII VIII IX X

a)   b)

图 1-14　字体
a）正体　b）斜体

2）斜体字书写时其斜度应从字的底线逆时针向上倾斜 75°。斜体字高度与宽度应与相应的字体相等。

3）数字和字母与文字混合排列时，一般数字和字母应小一到两个字号或稍低于仿宋字体的高度。

4）数量的数值注写，应采用正体阿拉伯数字。各种计量单位凡前面有量值的，均应采用国家颁布的单位符号注写。单位符号应采用正体字母。

⚙ 小提示

以图 1-14 为标准，作字符抄写练习 2 遍。

四、任务实施

结合情境一任务二的任务工单，按照表 1-10 的实施流程完成本任务。

表 1-10　情境一任务二实施流程表

过程		工作内容	学生活动	教师活动
1. 教育		"5 +1"教育内容	思考、讨论	教师讲解
2. 教学	2.1　明确任务、获取信息、基本训练	学生获得任务信息:建筑制图标准字符练习;为完成该任务进行信息和材料准备;书写练习	明确任务 阅读任务工单、图纸;查阅教材等资料	下发任务工单 给定时间等框架条件,进行分组
			聆听老师讲解,理解书写要领	书写示范,讲授要领
			进行字符书写练习(字符书写练习页)	巡回指导

（续）

	过程	工作内容	学生活动	教师活动
2. 教学	2.2　策划	学生小组讨论：如何让练习表格在图中居中、更显美观？如何保持图面整洁？制定工作程序	设计字符大小、表格大小和位置；准备图纸和绘图仪器	咨询各种可能性，引导学生寻找途径
	2.3　决策和计划	小组分析比较各方案，选定最优方案完善后作为实施方案	小组讨论、比较，并和教师交流确定执行方案	关注学生活动尊重学生思考，在学生有重大失误时干预
	2.4　实施及控制检查	实际执行计划工作，进行书写训练	制作 A4 标准纸，画表格，字符书写	咨询、质疑、提供帮助
	2.5　评价	对成果展开学生自评、互评和教师评价。师生一起总结工作，肯定成绩，指明问题	做陈述，展示成果，项目小结学生互评	总结评价，问题归纳，如何做得更好选出优秀、示范作品

五、课后作业

按图 1-13 所示完成作业。注意竭力使你的图纸标准、美观。

任务三　平面图形的绘制

一、任务描述

本任务通过完成手柄（见图 1-15）的绘制，学习圆弧光滑连接画法，识读尺寸标注，练习圆规使用技术，掌握平面绘图步骤。

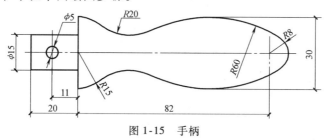

图 1-15　手柄

二、任务目标

1. 认识圆规，学习其使用方法。
2. 理解平滑过渡的含义；掌握圆弧的画法。
3. 识读尺寸标注。
4. 掌握平面图形的绘制方法。

三、相关知识

（一）圆规的使用

圆规由铅芯脚和针脚组成，如图 1-16 所示。画圆时，针脚和铅芯脚都应垂直纸面，如

图 1-17 所示。

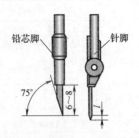

图 1-16　圆规铅芯脚及针脚

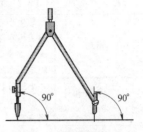

图 1-17　圆规的使用

圆规主要用来画圆或圆弧。使用时用右手大拇指和食指捏住圆规手柄，按顺时针方向略向前倾 15°~20°，匀速旋转一次画完。

（二）圆弧连接

用一圆弧光滑地连接相邻两线段的作图方法，称为圆弧连接。

1. 作图原理

作图原理可归结为求连接圆弧的圆心和切点

1）圆弧与直线连接，如图 1-18a 所示。

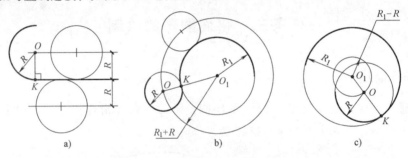

图 1-18　圆弧连接

a）圆弧与直线连接　b）圆弧与圆弧连接（外切）　c）圆弧与圆弧连接（内切）

圆心：连接弧圆心的轨迹为一平行于已知直线的直线，两直线间的垂直距离为连接弧的半径 R。

切点：由圆心向已知直线作垂线，其垂足为切点。

2）圆弧与圆弧连接（外切），如图 1-18b 所示。

圆心：连接弧圆心的轨迹为一与已知圆弧同心的圆，该圆的半径为两圆弧半径之和。

切点：两圆心的连线与已知圆弧的交点即为切点。

3）圆弧与圆弧连接（内切），如图 1-18c 所示。

圆心：连接弧圆心的轨迹为一与已知圆弧同心的圆，该圆的半径为两个圆弧半径之差。

切点：两圆心连线的延长线与已知圆弧的交点即为切点。

2. 作图步骤

1）先求圆心。

2）再求切点。

3）用连接弧半径画弧。

4）描深——为保证连接光滑，一般应先描圆弧，后描直线。当几个圆弧相连接时，应依次相连，避免同时连接两端。

✏️ 练一练

取 $R = 20\text{mm}$，$R_1 = 10\text{mm}$，$R_2 = 15\text{mm}$，按要求作图。

两直线间的圆弧连接，如图 1-19 所示。

直线和圆弧之间的圆弧连接，如图 1-20 所示。

两圆弧之间的圆弧连接（外切），如图 1-21 所示。

两圆弧之间的圆弧连接（内切），如图 1-22 所示。

两圆弧之间的圆弧连接（内外切混合连接），如图 1-23 所示。

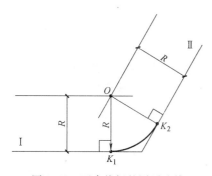

图 1-19　两直线间的圆弧连接

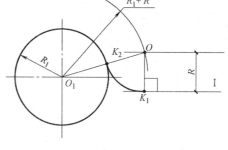

图 1-20　直线和圆弧之间的圆弧连接

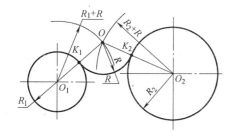

图 1-21　两圆弧之间的圆弧连接（外切）

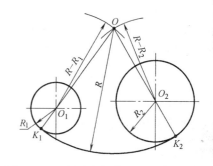

图 1-22　两圆弧之间的圆弧连接（内切）

（三）平面图形的画法

1. 识读尺寸标注

1）尺寸基准：指标注尺寸的起点。通常以图形的对称线、中心线或某一轮廓线作为标注尺寸的基准，如图 1-15 中的尺寸"11"的尺寸基准为尺寸线指引的右端面，各圆和圆弧的基准为各自的圆心。

2）定形尺寸：用于确定线段的长度、圆弧的半径（或圆的直径）和角度大小等的尺寸。如图 1-15 中的 $\phi15$、$R20$、$\phi5$、$R15$、$R60$、$R8$ 等。

3）定位尺寸：用于确定线段在平面图形中所处位置的尺寸。如图 1-15 中的尺寸"11"。

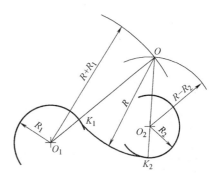

图 1-23　两圆弧之间的圆弧连接
（内外切混合连接）

2. 线段分析

确定一个圆弧，一般需要圆心的两个坐标 X、Y 及半径 R 这三个要素，根据给定要素的完整与否，可分为三类。

1）已知线段：圆心的两个坐标 X、Y 及半径 R 均为已知，可直接画出的圆弧，如图 1-15 中的 $\phi 5$、$R15$、$R8$。

2）中间线段：已知半径 R 及圆心坐标 X、Y 之一，但可根据与其他线段的连接关系画出的圆弧，如图 1-15 中的 $R60$。

3）连接线段：只知道 R 的圆弧，如图 1-15 中的 $R20$。

作图时，应先画已知线段，再画中间线段，最后画连接线段。

3. 绘图的方法和步骤

（1）准备工作　画图前应先了解所画图纸的内容和要求，清理桌面，准备和清洁绘图工具，将暂时不用的工具、资料收集另放置。

（2）选定图纸　根据图形大小和复杂程度选定比例，确定图纸幅面，制作图纸。

（3）固定图纸　图纸要固定在图板左下方，下部空出的距离要能放丁字尺，以便操作。图纸要用胶纸固定，不能使用图钉，以免损坏图板。

（4）绘制底稿　画出图框和标题栏轮廓后，先画出各图形的基准线，再画形状，注意图纸的位置布置要居中，与周围图框线的距离要均匀美观。底稿线应细，但要清晰。

（5）检查并修改底稿　准确无误后进行尺寸标注与字符注写。

（6）检查并修改尺寸与字符　准确无误后进行图线加深。

（7）综合检查并修改　最后完成标题栏。

小提示

加深图形时，应按先曲线后直线，由上到下，由左到右，以所有图形同时加深的原则进行。在加深粗直线时，将同一方向的直线加深完后，再加深另一方向的直线。细线一般不要加深，在画底稿时直接画好就行了。

练一练

按图 1-15 抄绘手柄。

四、任务实施

结合情境一任务三的任务工单，按照表 1-11 的实施流程完成本任务。

表 1-11　情境一任务三实施流程表

过程		工作内容	学生活动	教师活动
1. 教育		"5 + 1"教育内容	思考、讨论	教师讲解
2. 教学	2.1　任务信息	学生获得信息：抄画手柄；熟悉光滑连接与尺寸分析的知识点；学会使用圆规	明确任务 阅读任务书、图纸；查阅教材等资料	下发任务书 给定时间等框架条件并进行分组 详细讲解平滑连接和尺寸分析的知识

（续）

	过程	工作内容	学生活动	教师活动
2. 教学	2.2　计划和决策	学生小组讨论如何画手柄,制定工作程序	设计 A4 图纸的制作计划,准备资源 小组讨论、比较并和教师交流确定执行方案,制定实施计划	咨询各种可能性,引导学生寻找途径 关注学生活动 尊重学生思考,在学生有重大失误时干预
	2.3　实施及控制检查	实际执行计划工作	准备工具、材料;抄绘手柄	咨询、质疑、提供帮助
	2.4 评价	对成果展开学生自评、互评和教师评价。师生一起总结工作,肯定成绩,指明问题	做陈述,展示成果,项目小结 学生互评	总结评价,问题归纳,如何做得更好 选出优秀、示范作品

五、课后作业

自备 A4 图纸,完成手柄抄绘。注意竭力使你的图纸标准、美观。

情 境 小 结

本情境中大家独立完成了 A4 幅面字符书写练习和 A4 幅面平面图形绘制各一张,是不是颇有成就感呢? 下边大家来回顾一下本情境都有哪些知识点。

1)建筑图中关于图幅、图线、字符书写有具体细致的要求,应按相关标准和规范执行。

2)认识手绘图工具和仪器,应正确使用,妥善维护和保管。

3)初次尝试识读与抄绘平面图形。

情 境 自 测

一、选择题

1. 一张 A0 纸可以分成（　　　）张 A4 纸。

A. 8　　　　　　　B. 2　　　　　　　C. 16　　　　　　　D. 4

2. 绘图铅笔有软硬之分,（　　　）表示软硬适中,适于字符书写,一般削成圆锥形。

A. H　　　　　　　B. B　　　　　　　C. HB　　　　　　　D. BH

3. 丁字尺由尺头和尺身组成,并相互固定成90°,用来画（　　　）。

A. 水平线　　　　B. 斜线　　　　　C. 垂线　　　　　　D. 分割纸张

4. A4 纸图框线宽为（　　　）,标题栏外框线宽为（　　　）,标题栏内部分格线宽为（　　　）。

A. $1b$　　　　　　B. $0.35b$　　　　C. $0.5b$　　　　　D. $0.7b$

二、判断题

（　　　）1. A3 纸的幅面 $b \times l$ 为 420mm × 297mm。

（　　　）2. 绘图采用的基本单位为毫米,一般可不予标注。

（　　）3. 比例 10∶1 为放大比例，若尺寸标注为 200，表示该尺寸对应的实物尺寸为 200mm × 10 = 2000mm。

（　　）4. 会签栏每个格子的尺寸为 25 × 5（单位：mm），用细实线绘制。

三、简答题

1. 图形的线型有哪几种？各有何用途？

2. 绘图铅笔怎么分类？如何选用？削制有何区别？

情境二　工程形体表达

情境概述

三视图反映实形，便于尺寸标注，是工程形体的基本表达方式；轴测图立体感强，容易识读，是三视图的有益补充；剖视原理则是表达形体内腔结构和构件材料的直观方法。

本情境我们将完成指定构件的三视图、轴测图、剖视图三个类别合计 9 个操作性学习任务，引导学生认知常见工程形体的表达方式，促进空间想象能力的发展，练习和提高识图能力，为识读建筑施工图奠定基础。

情境名称	任务分解	知识点
情境二　工程形体表达	任务 1　台阶三视图的绘制	三视图的形成和特点
		点、线、面、几何体的三视图绘制
		组合体的三视图识读
	任务 2　房屋轴测图的绘制	轴测图的产生、特点与应用
		正等测图的绘制与识读
		斜二测图的绘制与识读
	任务 3　剖视图的绘制	剖面图的形成、分类、应用和画法
		断面图的形成、分类、应用和画法

任务一　台阶三视图的绘制

一、任务描述

本任务围绕台阶（见图 2-1）三视图的绘制进行，先草绘台阶三视图，然后参考自己绘制的台阶三视图分析并归纳学习点、线、面、体的投影特点，最后用所学知识精确绘制台阶三视图，借此掌握组合体三视图的绘制与识读方法。

本任务分成四个子任务完成：三面投影体系的建立、台阶上点的投影、台阶上直线和平面的投影、台阶的三视图，具体参见情境二任务一的任务工单。

二、任务目标

1. 了解三面正投影的形成与特点。

2. 掌握点、线、面、体的三面正投影规律。

3. 熟练运用形体分析法识读简单组合体三视图。

三、相关知识

（一）投影

1. 投影的基本概念

现实生活中，物体在自然光或灯光的照射下，在地面或墙面上产生一定形状的影子，将影子进行几何抽象所得的平面图形，称为物体的投影，如图 2-2 所示。用投影表示物体形状和大小的方法称为投影法。用投影法画出的物体图形称为投影图。

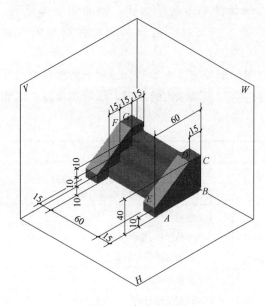

图 2-1　台阶三视图

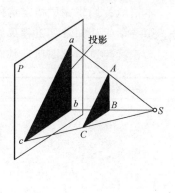

图 2-2　投影的形成

2. 投影法的分类（见图 2-3）

光线射出的方向称为投射方向。按投射线的形式不同，可将投影法分为中心投影法（见图 2-4）和平行投影法（见图 2-5 和图 2-6）。

投影法分类 $\begin{cases} \text{中心投影法：投射线汇交于一点的投影法。} \\ \text{平行投影法：投射线相互平行的投影法。} \begin{cases} \text{斜投影法：投射线与投影面相倾斜的平行投影法。} \\ \text{正投影法：投射线与投影面相垂直的平行投影法。} \end{cases} \end{cases}$

图 2-3　投影法的分类

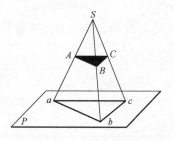

图 2-4　中心投影法

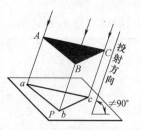

图 2-5　斜投影法

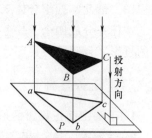

图 2-6　正投影法

💠**小提示**

绘制工程图纸主要采用正投影法。用正投影法作出的物体图形称为正投影图，也称为视图。

3. 正投影法的特性

（1）显实性 是指当直线或平面与投影面平行时，则直线的投影反映实长，平面的投影反映实形的性质，如图 2-7a 所示。

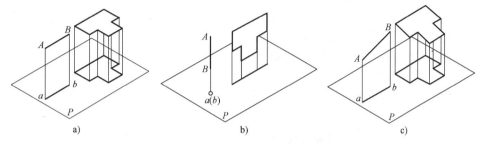

图 2-7 正投影法的特性

（2）积聚性 是指当直线或平面与投影面垂直时，则直线的投影积聚成一点，平面的投影积聚成一条直线的性质，如图 2-7b 所示。

（3）类似性 是指当直线或平面与投影面倾斜时，其直线的投影长度变短，平面的投影面积变小，但投影的形状仍与原来的形状相类似，如图 2-7c 所示。

💠**小提示**

制图规定空间物体要素用大写拉丁字母表示，其投影用小写字母表示；如果投影不可见又必须标出时，应该加注 "（ ）"，如图 2-7b 所示，空间直线 AB 在投影面 P 上的投影为 ab，因为 b 被 a 挡住而不可见，所以加注 "（ ）"。空间的 A 点和 B 点称为重影点。

✏️**练一练**

以桌面为投影面，分别以笔（模拟直线）和书本（模拟平面）为物体，摆出不同的位置，观察后完成表 2-1。

表 2-1 直线、平面正投影基本规律

几何要素	直线			平面		
与投影面位置关系	平行	垂直	倾斜	垂直	平行	倾斜
投影特点						

（二）三视图

1. 三视图的形成及其投影规律

单面正投影图只能反映物体一个方向的形状和尺寸，对物体的真实信息反映不全面，也不完整。所以工程制图采用的是多面正投影，最常见的是三面正投影，即三视图。

（1）三面正投影体系的建立　三面正投影体系由三个互相垂直的投影面构成，如图2-8所示。

✎ **练一练**

三个互相垂直的投影面分别叫_____、_____、_____，分别用字母_____、_____、_____标记。

三投影面之间两两相交的交线称为投影轴。三根投影轴互相垂直，交点称为原点。OX轴代表长度方向；OY轴代表宽度方向；OZ轴代表高度方向。

（2）三视图的形成　将物体放在三面正投影体系中，分别向三个投影面作正投影，就得到物体的三个视图，简称三视图，如图2-9所示。

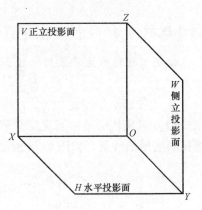

图2-8　三面正投影体系

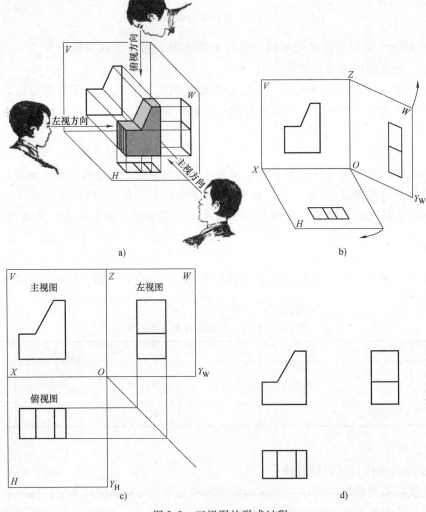

图2-9　三视图的形成过程

由前向后投射所得到的正面投影称为主视图（V 面投影）；由上向下投射所得到的水平投影称为俯视图（H 面投影）；由左向右投射所得到的侧面投影称为左视图（W 面投影）。

（3）三面正投影体系的展开　三视图不在同一平面上，难以实现绘制和保存，需要将三个投影面展到同一平面中来。规定：V 面保持不动，H 面绕 OX 轴向下旋转 90°，W 面绕 OZ 轴向右旋转 90°，如图 2-9b，这样就得到了如图 2-9c 所示展开后的三视图。

🔧 小提示

本书中提到的三视图均指展开后的三视图。

✏️ 练一练

用硬纸板做一个"三面正投影体系"模型（见图 2-10），用来帮助思维和解题。

"三面正投影体系"模型的做法：切下一块适当大小的正方形硬纸板，画出对边中线，正中交点为 O，即原点；中线被原点分为四段，为展开后的投影轴；对应三个区域标上 V、H、W，即三个投影面，第四象限画上 45° 对角线，此为展开的三面投影体系，如图 2-10a。沿图示粗线剪开至 O 点，并如图 2-10b 折叠，此为立体的三面投影体系。

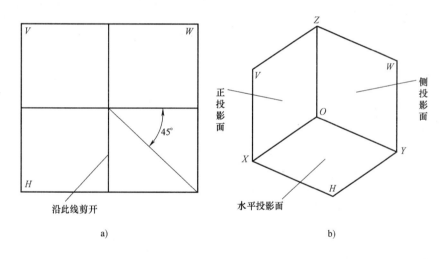

a)　　　　　　　　　　　　　　b)

图 2-10　"三面正投影体系"模型

拿此模型经常折叠、展开，观察思考并相互印证，逐步提高二维—三维空间想象能力。

2. 三视图之间的关系

（1）位置关系　以主视图为准，俯视图在它的正下方，左视图在它的正右方。

（2）投影关系　"三等"规律：主俯视图"长对正"，主左视图"高平齐"，左俯视图"宽相等"，如图 2-11 所示。无论研究对象是点、线、面还是体，其三视图均应满足此"三等"规律。

（3）方位关系（见图 2-12）

1）主视图——反映物体的上、下、左、右。

2）俯视图——反映物体的前、后、左、右。

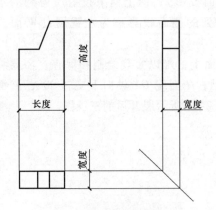

图 2-11　三视图间的投影关系

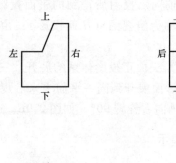

图 2-12　视图与物体的方位关系

3）左视图——反映物体的上、下、前、后。

（三）点的三面投影

1. 点的投影标注

空间物体要素用大写字母表示，H 面投影用同名小写字母表示，V 面投影在小写字母上加注 "'"，W 面投影在小写字母上加注 """。如图 2-13 所示，空间点 A 的三面投影分别为 a、a'、a''。

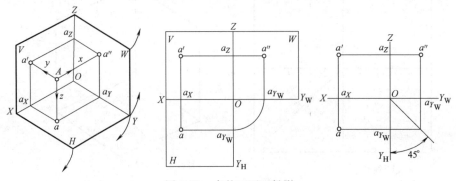

图 2-13　点的三面正投影

🔧 **小提示**

一般而言，点 A 的三视图 a、a'、a'' 将构成一个矩形，矩形的第四点在第四象限的角平分线上。此经验可作为求解第三视图的作业检验。

2. 点的投影规律

1）点的投影仍然是点。

2）相邻投影连线垂直于投影轴，如图 2-13 所示：

① 点的正面投影和水平面投影的连线垂直于 OX 轴，即 $aa' \perp OX$。

② 点的正面投影和侧面投影的连线垂直于 OZ 轴，即 $a'a'' \perp OZ$。

③ 点的水平面投影和侧面投影的连线垂直于 OY_H 轴和 OY_W 轴，即 $aa_{Y_W} \perp OY_H$，$a''a_{Y_W}$
$\perp OY_W$。

3）影轴距等于点面距。点的投影到投影轴的距离，反应了点到相应投影面的距离。如图 2-13 所示：

① $aa_Y = a'a_Z = Aa'' = Oa_X = A$ 点到 W 面的距离。

② $aa_X = a''a_Y = Aa' = Oa_Y = A$ 点到 V 面的距离。

③ $a'a_X = a''a_Y = Aa = Oa_Z = A$ 点到 H 面的距离。

3. 点的坐标

在三面投影体系中，空间点及其投影的位置，可以通过坐标来确定。将三面投影体系视为空间直角坐标系，投影面 V、H、W 相当于坐标面，而投影轴 OX、OY、OZ 相当于坐标系中的坐标轴，O 点相当于坐标原点。则该空间内任意一点 A 的坐标均可以表示为 A (x, y, z)。

✐ **练一练**

已知某点 A 的坐标值 (x, y, z) 对应为 $(5, 3, 4)$，可表示为 A $(5, 3, 4)$，请思考回答：

① A 点到 W 投影面的距离为＿＿＿＿＿＿（单位）。

② a 的坐标值为＿＿＿＿＿＿。

③ a' 到 OX 轴的距离为＿＿＿＿＿＿（单位），到 OY 轴的距离为＿＿＿＿＿＿（单位）。

（四）直线的三面投影

1. 一般位置直线（对三个投影面均倾斜）

投影特性：①一般位置直线的各面投影都与投影轴相倾斜。②一般位置直线的各面投影的长度都小于实长，如图 2-14 所示。

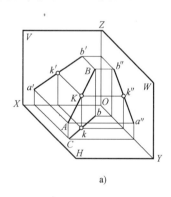
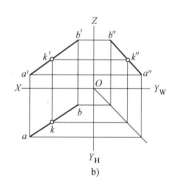

图 2-14　一般位置直线的三视图

2. 特殊位置直线

（1）投影面平行线　是指平行于一个投影面而对于另两个投影面倾斜的直线。

✐ **练一练**

教师用铅笔在"三面正投影体系"模型中展示、定义和讲解直线名称。学生模拟教师展示，并思考填写表 2-2。

表 2-2　投影面平行线的三视图

概念	定义	立体图及投影图		投影特性
平行于一个投影面,且与另两个投影面倾斜的直线	//H 水平线			1. 在__面上得到等长直线,且与____、____两投影轴倾斜 2. 在____、____面上得到两条缩短直线,且与____、____两投影轴平行
	//V 正平线			1. 在__面上得到等长直线,且与____、____两投影轴倾斜 2. 在____、____面上得到两条缩短直线,且与____、____两投影轴平行
	//W 侧平线			1. 在__面上得到等长直线,且与____、____两投影轴倾斜 2. 在__、__面上得到两条缩短直线,且与____、____两投影轴平行

归纳投影面平行直线的投影特性:

1)平行的投影面上得_____直线,且与平行面上两投影轴_____。

2)倾斜投影面上得到两个_____直线,且与倾斜面的两投影轴之一_____。

(2)投影面垂直线是指垂直于一个投影面（必与其他两个投影面平行）的直线。

✏ 练一练

教师用铅笔在"三面正投影体系"模型中展示、定义和讲解直线名称。学生模拟教师展示,并思考填写表 2-3。

表 2-3　投影面垂直线的三视图

概念	定义		立体图及投影图	投影特性
垂直于一个投影面（必与另两个投影面倾斜）的直线	⊥H	铅垂线		1. 在__面上积聚成一点 2. 在__、__面上得到两条等长直线，且与___、_____两投影轴垂直
	⊥V	正垂线		1. 在__面上积聚成一点 2. 在___、__面上得到两条等长直线，且与__、_____两投影轴垂直
	⊥W	侧垂线		1. 在__面上积聚成一点 2. 在_____、___面上得到两条等长直线，且与___、___两投影轴垂直

归纳投影面垂直线投影特性：

1）垂直的投影面上_____。

2）平行的两投影面上得到_____，且与垂直面的两投影轴_____。

🔧 **小提示**

直线上任意一点的投影必在该直线的投影上。

（五）平面的三面投影

这里的平面是指实体上的平面，存在形式为各种线条围住的共面封闭区域。

1. 一般位置平面

与任何一个投影面都不垂直的平面称为一般位置平面，如图 2-15 所示。

投影特点：投影图为原形的类似形。

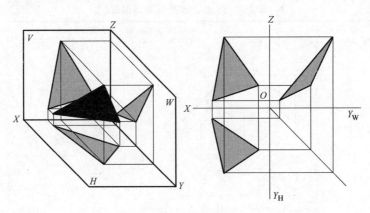

图 2-15 一般位置平面

小提示

作平面的三面投影,先作多边形端点的三面投影,再用直线依照空间顺序将端点的同面投影连接即成。

2. 特殊位置平面

(1)投影面平行面 是指只平行于一个投影面的平面(必与其他两个投影面相垂直)。

练一练

教师用三角板在"三面正投影体系"模型中展示、定义和讲解平面名称。学生模拟教师展示,并思考填写表2-4。

表2-4 投影面平行面的三视图

概念	定义		立体图及投影图	投影特性
平行于一个投影面(必与另两个投影面垂直)的平面	//H	水平面		1. 在__面上得到_____ 2. 在__、___面上得积聚成_____
	//V	正平面		1. 在_____面上得到_____ 2. 在__、___面上得积聚成_____

（续）

概念	定义	立体图及投影图	投影特性
平行于一个投影面(必与另两个投影面垂直)的平面	// *W*　侧平面		1. 在＿＿＿面上得到＿＿＿＿ 2. 在＿、＿面上得积聚成＿＿＿＿

归纳投影面平行面的投影特征：

1）平行投影面上的投影为＿＿＿＿＿＿。

2）另两个投影面上的投影为＿＿＿＿＿＿，且与反映实形的那个投影面的坐标轴＿＿＿＿＿＿。

（2）投影面垂直面　是指垂直于一个投影面而倾斜于其他两个投影面的平面。

练一练

教师用三角板在"三面正投影体系"模型中展示、定义和讲解平面名称。学生模拟教师展示，并思考填写表2-5。

表2-5　投影面垂直面的三视图

概念	定义	立体图及投影图	投影特性
垂直于一个投影面而倾斜于其他两个投影面的平面	⊥*H*　铅垂面		1. 在＿投影面上积聚为＿＿＿，且＿＿＿＿＿该投影面的两投影轴 2. 在＿、＿＿两投影面上得到＿＿＿＿＿三角形
	⊥*V*　正垂面		1. 在＿投影面上积聚为＿＿＿，且＿＿＿＿＿该投影面的两投影轴 2. 在＿、＿＿两投影面上得到＿＿＿＿＿三角形

（续）

概念	定义	立体图及投影图	投影特性
垂直于一个投影面而倾斜于其他两个投影面的平面	⊥W 侧垂面	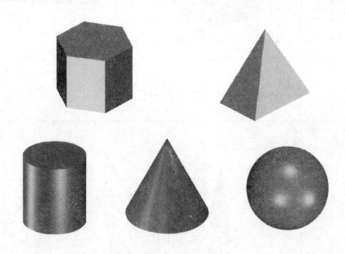	1. 在__投影面上积聚为____，且____该投影面的两投影轴 2. 在__、____两投影面上得到____三角形

归纳投影面垂直面的投影特征：

1）在____投影面上积聚为_____，且与该投影面上两投影轴_____。

2）在另两投影面上得到原平面的_____形。

小提示

1）要确定平面上点的投影，需先确定点所在直线的投影。

2）要确定平面上的直线，需通过该平面内两点，或通过该平面内一点，作平行于该平面内一直线的平行线。

（六）几何体三面投影

1. 基本几何体投影

常见的棱柱、棱锥、圆柱、圆锥、圆球等几何体称为基本体，如图2-16所示。它们又分为平面立体和曲面立体两类。表面均为平面的立体，称为平面立体；表面为曲面或曲面与平面的立体，称为曲面立体。

图 2-16　基本几何体

基本体的三视图见表2-6。

表 2-6　基本体的三视图

类型	三视图	投影特点
棱柱：两个全等底面，所有棱与地面垂直 示例：六棱柱		两个矩形，一个多边形。一般而言，两个矩形不全等
棱锥：将棱柱顶面收缩到顶面的中心成为一个点，得到棱锥 示例：三棱柱		两个三角形，一个多边形。一般而言，两个三角形不全等
圆柱：圆柱体由圆柱面和上、下两平面构成		两个全等矩形和一个圆。点画线不能漏画
圆锥：将圆柱顶面收缩到顶面的中心成为一个点，得到圆锥		两个全等等腰三角形和一个圆。点画线不能漏画
球：距离空间某固定点距离相等的所有点的集合	$\phi 10$	三个全等圆。点画线不能漏画 标注 $S\phi$（球面直径）时可省略其他视图

2. 简单组合体

由两个或两个以上简单几何体组成的物体称为组合体，如图 2-17 所示。

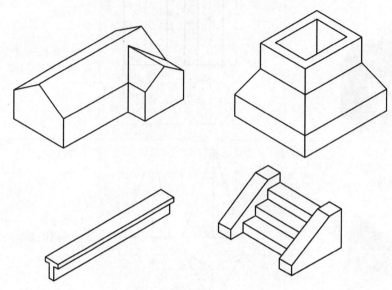

图 2-17 简单组合体

组合体可分为叠加和切割两种基本组合形式，或者是两种组合形式的综合。叠加是将各基本体以平面接触相互堆积、叠加后形成的组合形体。切割是在基本体上进行切块、挖槽、穿孔等切割后形成的组合体。组合体经常是叠加和切割两种形式的综合。

组合体读图最基本的方法是形体分析法。形体分析法是把比较复杂的视图，按线框分成几个部分，运用三视图的投影规律，分别想出各形体的形状及相互连接方式，最后综合起来想整体，如图 2-18 所示。

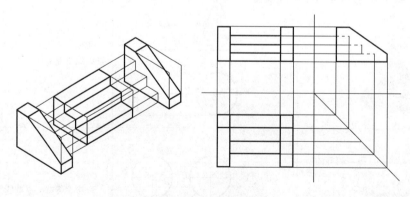

图 2-18 组合体读图

四、任务实施

结合情境二任务一的任务工单，按照表 2-7 的实施流程完成本任务。

表 2-7　情境二任务一实施流程表

过程		工作内容	学生活动	教师活动
1. 教育		"5 + 1"教育内容	思考、讨论	教师做总结评价
2. 教学	2.1　咨询	学生获得信息：要做什么？要做哪些准备？要怎么去完成	明确任务 阅读教材、准备工具及材料、了解制作步骤	下发任务书 讲解要点 学生分组
	2.2　讲授	知识点讲授 例题讲授	听课与笔记	讲授
	2.3　课堂讨论练习	课堂练习题	独立思考 相互探讨 求助于老师	关注学生活动 尊重学生思考，控制课堂纪律
	2.4　成果展示和记录	展示学生练习成果	展示自己练习成果，观摩、评价他人成果，学习别人长处	指导、记录、点、评、控 选出优秀、示范作品
	2.5　总结与评价	教学小结 评价	小结学习内容 小结本人收获 学生互评	聆听、指导、记录

五、课后作业

完成任务工单中的习题训练页。

任务二　房屋轴测图的绘制

一、任务描述

本任务我们将学习轴测图的产生、分类、特点和画法。为便于实施，我们按由浅入深的原则分三个子任务进行，最终完成房屋模型的正等测图和斜二测图的绘制，如图 2-19所示。

二、任务目标

1. 了解轴测投影图的产生和基本性质。
2. 掌握轴测投影的分类和特点。
3. 掌握平面体正等测画法。
4. 掌握平面体斜二测画法。

三、相关知识

(一)轴测投影的相关概念

1. 轴测投影的产生

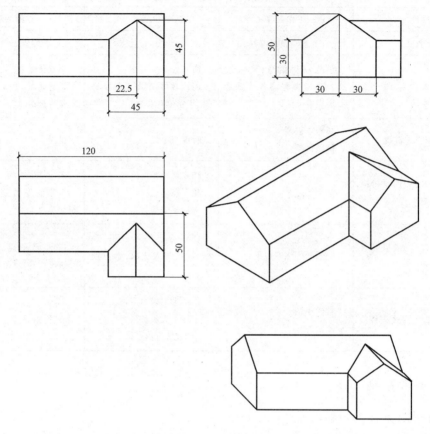

图 2-19　房屋模型轴测图

工程上一般采用正投影法绘制物体的投影图，即多面正投影图。它能完整、准确地反映物体的形状和大小，且作图简单，但立体感不强，只有具备一定读图能力的人才看得懂。为了帮助人们读懂正投影视图，有时工程上采用轴测图作为辅助图纸。

轴测图（也称轴测投影）是把空间物体和确定其空间位置的直角坐标系按平行投影法沿不平行于任何坐标面的方向投影到单一投影面上所得的图形，如图 2-20 所示。轴测图用轴测投影的方法画出来，有较强的立体感，接近人们的视觉习惯。

轴测投影被选定的单一投影 P，称为轴测投影面。直角坐标轴 OX、OY、OZ 在轴测投影 P 上的轴测投影 O_1X_1、O_1Y_1、O_1Z_1，称为轴测投影轴，简称轴测轴。

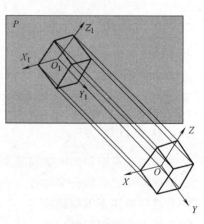

图 2-20　轴测投影的产生

轴间角：轴测投影中任意两个直角坐标轴在轴测投影面上的投影之间的夹角，称为轴间角，表示为 $\angle X_1O_1Y_1$、$\angle X_1O_1Z_1$、$\angle Y_1O_1Z_1$。轴间角控制轴测投影的形状变化。

轴向伸缩系数：直角坐标轴的轴测投影的单位长度，与相应直角坐标轴上的单位长度的比值，称为轴向伸缩系数。其中，用 p 表 O_1X_1 轴轴向伸缩系数，q 表示 O_1Y_1 轴轴向伸缩系数，r 表示 O_1Z_1 轴轴向伸缩系数。轴向伸缩系数控制轴测投影的大小变化。

2. 轴测投影的基本性质

轴测图具有平行投影的所有特性。

平行性：物体上互相平行的线段，在轴测图上仍互相平行。

定比性：物体上两平行线段或同一直线上的两线段长度之比，在轴测图上保持不变。

实形性：物体上平行轴测投影面的直线和平面，在轴测图上反映实长和实形。

（二）轴测投影的分类与特点

轴测图根据投射线方向和轴测投影面的位置不同可分为两大类，如图 2-21 所示。

正轴测图：投射线方向垂直于轴测投影面，如正等轴测图。

斜轴测图：投射线方向倾斜于轴测投影面，如斜二轴测图。

工程上常用的两种轴测图是：正等轴测图（简称"正等测"）和斜二轴测图（简称"斜二测"）。

（三）正等轴测图及其画法

1. 形成

将形体放置成使它的三条坐标轴与轴测投影面具有相同的（约 $35°16'$）夹角，然后向轴测投影面作正投影。用这种方法作出的轴测图称为正等轴测图（见图 2-22），简称正等测。

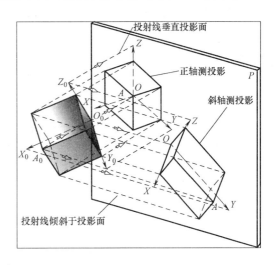

图 2-21　轴测投影分类

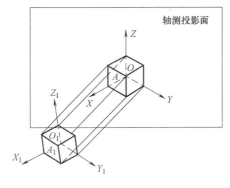
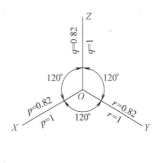

图 2-22　正等轴测投影特点

2. 正等轴测图的特点

1）在正等轴测图中，三个轴间角相等，都是 $120°$。其中 O_1Z_1 轴规定画成铅垂方向。

2）三个轴向伸缩系数相等，即 $p = q = r = 0.82$。

为了简化作图，取 $p = q = r = 1$。采用简化伸缩系数画出的正等轴测图，三个轴向尺寸都放大了约 1.22 倍，但这并不影响正等轴测图的立体感以及物体各部分的比例。

3. 正等轴测图的画法

作几何体正等轴测图的最基本的方法是坐标法，对于复杂的物体，可以根据其形状特点，灵活运用切割法、叠加法、综合法等作图方法。下面举例说明轴测图的画法。

（1）坐标法　根据物体的特点，建立合适的坐标轴，然后按坐标法画出物体上各顶点的轴测投影，再由点连成物体的轴测图。

如图 2-23a 所示，已知正六棱柱的两视图，画其正等轴测图。

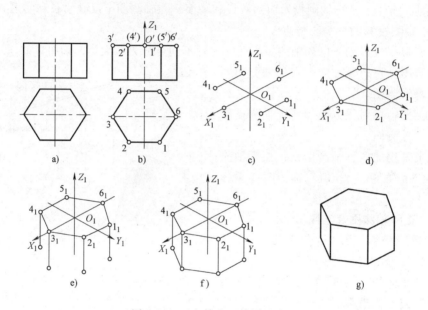

图 2-23　正六棱准正等测画法

作图方法和步骤如下：

1）在三视图上确定坐标原点和坐标轴，如图 2-23b 所示。

2）作轴测轴，然后按坐标分别作出顶面各点的轴测投影，如图 2-23c 所示；依次连接起来，即得顶面的轴测图，如图 2-23d 所示。

3）过顶面各点分别作 O_1Z_1 的平行线，并在其上向下量取高度 H，得各棱的轴测投影图，如图 2-23e 所示。

4）依次连接各棱端点，得底面的轴测图，擦去多余的作图线并加深，即完成了正六棱柱的正等轴测图，如图 2-23g 所示。

（2）切割法　对于切割形物体，首先将物体看成是一定形状的整体，并画出其轴测图，然后再按照物体的形成过程，逐一切割，相继画出被切割后的形状，如图 2-24 所示。

（3）叠加法　对于叠加形物体，运用形体分析法将物体分成几个简单的形体，然后根据各形体之间的相对位置依次画出各部分的轴测图，即可得到该物体的轴测图。

根据图 2-25 所示的平面立体三视图，用叠加法画其正等轴测图的方法如下。

将物体看作由 Ⅰ 、Ⅱ两部分叠加而成。

1）画轴测轴，定原点位置，画Ⅰ部分的正等测图。

2）在Ⅰ部分的正等轴测图的相应位置上画出Ⅱ部分的正等轴测图。

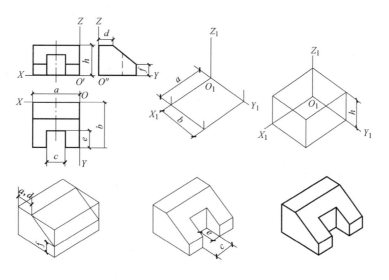

图 2-24 切割法画正等轴测图

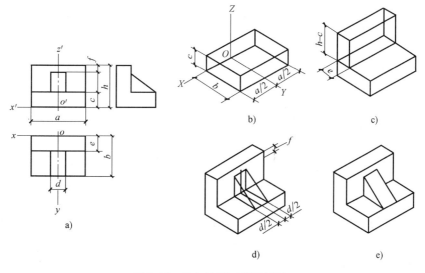

图 2-25 叠加法画正等轴测图

3）在 I 、II 部分分别开槽，然后整理、加深即得这个物体的正等轴测图。

用叠加法绘制轴测图时，应首先进行形体分析，然后注意各形体间的叠加面，不要弄错叠加位置。

（4）综合法（见图 2-26）　综合法是坐标法、切割法、叠加法三种方法的综合运用。

（四）斜二轴测图及其画法

1. 形成

如图所示，如果使物体的 XOZ 坐标面对轴测投影面处于平行的位置，采用平行斜投影法也能得到具有立体感的轴测图，这样所得到的轴测投影就是斜二等测轴测图，简称斜二测图。

2. 斜二轴测图的特点（见图 2-27）

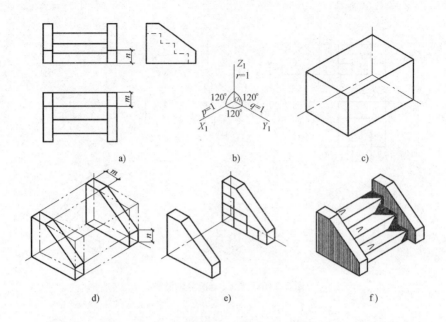

a)   b)   c)

d)   e)   f)

图 2-26   综合法画台阶正等轴测图

a）正投影图   b）轴测图   c）作长方体箱子   d）作左右栏板   e）作等阶左端面   f）完成全图

1）三个轴间角依次为：$X_1O_1Z_1 = 90°$、$X_1O_1Y_1 = Y_1O_1Z_1 = 135°$。其中 O_1Z_1 轴规定画成铅垂方向。

2）三个轴向伸缩系数分别为：$p = r = 1$；$q = 0.5$。

3）平行于坐标面的圆的斜二轴测图。

由平行投影的实形性可知，平行于 XOZ 平面的任何图形，在斜二轴测图上均反映实形。因此平行于 XOZ 坐标面的圆和圆弧，其斜二测投影仍是圆和圆弧。平行于 XOY、YOZ 坐标面的圆，其斜二测投影均是椭圆，这些椭圆作图较烦琐。

因此，斜二轴测图主要用于表示仅在一个方向（平行于 XOZ 坐标面）上有圆或圆弧的物体，当物体在两个或两个以上方向有圆或圆弧时，通常采用正等测的方法绘制轴测图。

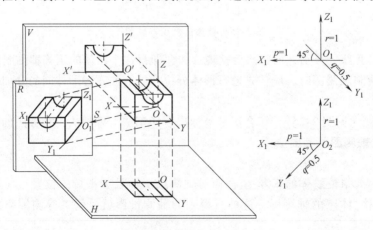

图 2-27   斜二轴测图的特点

（五）斜二轴测图的画法

作几何体斜二轴测图与正等轴测图的方法和步骤是相同的，常用坐标法、叠加法、切割法、综合法等。区别之处在于轴间角和轴向伸缩系数的不同。下面举例说明斜二轴测图的画法。

1. 四棱台的斜二测图画法思路

四棱台的斜二测图画法思路如图 2-28 所示。

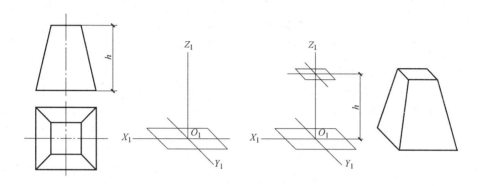

图 2-28　四棱台的斜二测图画法

2. 端盖的斜二测图画法思路（见图 2-29）

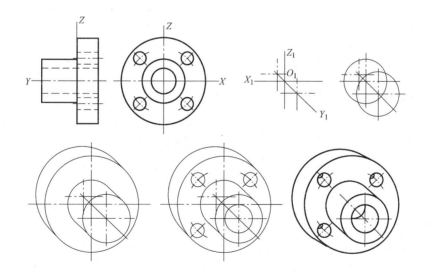

图 2-29　端盖的斜二测图画法

分析：端盖的形状特点是在一个方向的相互平行的平面上有圆。如果画成正等测图，则由于椭圆数量过多而显得烦琐，可以考虑画成斜二测图，作图时选择各圆的平面平行于坐标面 XOZ，即端盖的轴线与 Y 轴重合。

四、任务实施

结合情境二任务二的任务工单，按照表 2-8 的实施流程完成本任务。

表 2-8　情境二任务二实施流程

过程		工作内容	学生活动	教师活动
1. 教育		"5＋1"教育内容	思考、讨论	教师讲解
2. 教学	2.1　咨询	学生获得信息:要做什么;为完成该任务进行信息和材料准备	明确任务 阅读教材、图纸;查阅相关资料	下发任务书 给定时间等框架条件,进行分组;释疑、解惑 给予必要的讲解
	2.2　策划	学生小组学习讨论轴测图的产生、应用;轴测图特点及画法;进行任务实施的策划	讨论学习相关知识 讨论任务如何完成	咨询各种可能性,引导学生寻找途径
	2.3　决策和计划	小组分析比较各方案,选定最优方案完善后作为实施方案;进行计划制订	小组讨论、比较并和教师交流确定执行方案;制订实施计划	关注学生活动 尊重学生思考,在学生有重大失误时干预
	2.4　实施及控制检查	实际执行计划工作	准备工具、材料;绘制简单平面几何体的轴测图	咨询、质疑、提供帮助
	2.5　成果展示与评价记录	对成果展开学生自评、互评和教师评价。师生一起总结工作,肯定成绩,指明问题	做陈述、展示成果、项目小结 学生互评	总结评价,问题归纳,如何做的更好 选出优秀、示范作品

五、课后作业

1. 读书理解知识点。
2. 完成任务工单中的习题。

任务三　剖视图的绘制

一、任务描述

为清楚表达工程形体的内部结构与构造,常绘制剖视图。剖视图分为剖面图与断面图。本任务将通过绘制常见建筑构件的剖视图(两个子任务,见任务工单),归纳学习剖视原理、剖视画法和识读剖视图,如图 2-30 所示。

二、任务目标

1. 掌握剖面图和断面图的基本概念。
2. 学会如何区别剖面图和断面图。
3. 掌握剖面图和断面图的分类形式。
4. 掌握各种剖面图和断面图的绘制方法。
5. 掌握对各种材料符号的识读。

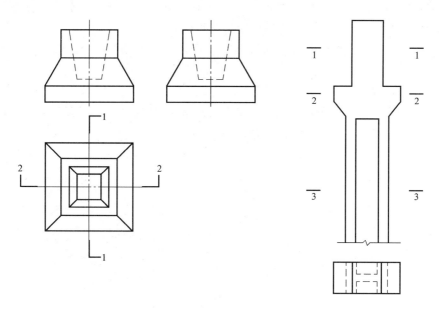

图 2-30　常见建筑构件剖视图

三、相关知识

（一）剖面图

1. 剖面图的形成

当形体的内部构造和形状较复杂时，投影图中不可见的轮廓线（虚线）和构件间的轮廓线（实线）会出现交叉或重叠，这样既不利于尺寸标注，也会给识读带来不便，如图 2-31 所示。因此，在建筑制图中常采用剖视来解决这一问题，如图 2-32 所示。采用剖视原理绘制的图纸为剖视图，剖视图分为剖面图和断面图。

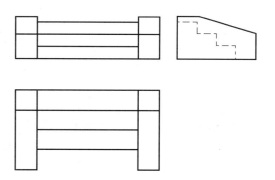

图 2-31　台阶的三面正投影图

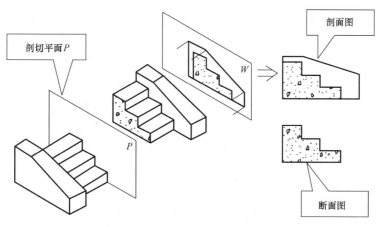

图 2-32　剖视图的形成

假想用一个剖切平面，在形体的适当部位将其切开，移走剖切平面与观察者之间的部分，然后对剩余部分进行投影，所得到的图形称为剖面图。

剖面图除应画出剖切面切到部分的图形外，还应画出沿投射方向看到的部分；断面图则只需画出剖切面切到部分的图形。

2. 剖面图的绘制

（1）剖切位置 剖切位置用剖切位置线表示。剖切位置线的长度宜为 6 ~ 10mm。绘制时，剖视剖切符号不应与其他图线相接触，如图 2-33 所示。

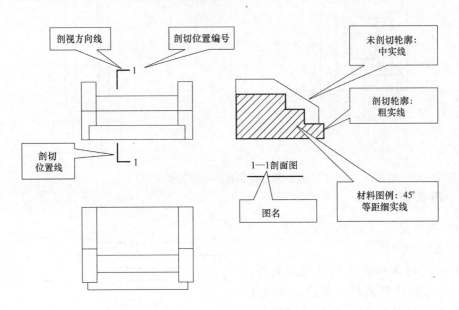

图 2-33 剖视图绘制要点

（2）剖视方向 剖视方向即投射方向，用剖视方向线表达。剖视方向线应垂直于剖切位置线，长度应短于剖切位置线，宜为 4 ~ 6mm，如图 2-33 所示。

剖切位置线和剖视方向线统称剖切符号。

（3）剖切位置编号 为了区别多处剖切，应当对剖切面编号。剖视剖切符号的编号宜采用粗阿拉伯数字，按剖切顺序由左至右、由下向上连续编排，并应注写在剖视方向线的端部，如图 2-33 所示。

（4）剖面图图名注写 剖面图图名以剖面的编号来命名，数字中间用短线连接，在下面画一粗实线表示，注写在剖面图的正下方，如图 2-33 所示。

（5）剖面图中的图线和图例 剖面图上被剖切面切到部分的轮廓线用粗实线绘制，剖切面没有切到、但沿投射方向可以看到的轮廓线，用中实线绘制；不可见线不应画出，如图 2-33 所示。

被剖切到的部分，按物体组成的材料画出剖面图图例，见表 2-9。未注明物体材料的用 45°等间距斜细实线表示，不同物体用相反 45°斜线区分开。

3. 剖面图的种类

剖面图按剖切方式分为全剖面图、半剖面图、阶梯剖面图、局部剖面图、展开剖面图。

表2-9　常用建筑材料图例

序号	名称	图例	备注
1	自然土壤		包括各种自然土壤
2	夯实土壤		
3	砂、灰土		
4	砂砾石、碎砖三合土		
5	石材		
6	毛石		
7	普通砖		包括实心砖、多孔砖、砌块等砌体。断面较窄不宜绘制出断面时,可涂红,并在图纸备注中加注说明,画出该材料图例
8	耐火砖		包括耐酸砖等砌体
9	空心砖		指非承重砖砌体
10	饰面砖		包括铺地砖、马赛克、陶瓷锦砖、人造大理石等
11	焦渣、矿渣		包括与水泥、石灰等混合而成的材料
12	混凝土		1. 本图例指能承重的混凝土及钢筋混凝土 2. 包括各种强度等级、集料、添加剂的混凝土 3. 在剖面图上画出钢筋时,不画图例线 4. 断面图形小,不易画出图例线时,可涂黑
13	钢筋混凝土		
14	多孔材料		包括水泥珍珠岩、沥青珍珠岩、泡沫混凝土、非承重加气混凝土、软木、蛭石制品等

（续）

序号	名称	图例	备 注
15	纤维材料		包括矿棉、岩棉、玻璃棉、麻丝、木丝板、纤维板等
16	泡沫塑料材料		包括聚苯乙烯、聚乙烯、聚氨酯等多孔聚合物类材料
17	木材		1. 上图为横断面，左上图为垫木、木砖或木龙骨 2. 下图为纵断面
18	胶合板		应注明为×层胶合板
19	石膏板		包括圆孔、方孔石膏板、防水石膏板等
20	金属		1. 包括各种金属 2. 图形小时，可涂黑
21	网状材料		1. 包括金属、塑料网状材料 2. 应注明具体材料名称
22	液体		应注明液体名称
23	玻璃		包括平板玻璃、磨砂玻璃、夹丝玻璃、钢化玻璃、中空玻璃、加层玻璃、镀膜玻璃等
24	橡胶		
25	塑料		包括各种软、硬塑料及有机玻璃等

（续）

序号	名称	图例	备　注
26	防水材料		构造层次多或比例大时,采用上面图例
27	粉刷		本图例采用较稀的点

（1）全剖面图（见图2-34）

定义：用一个平行于基本投影面的剖切平面将形体全部剖开所成的图形称为全剖面图。

适用范围：外部结构简单而内部结构相对比较复杂的形体。

注意：剖切后虽属同一剖切平面，但因其材料不同，故在材料图例分界处要用粗实线分开。

建筑平面图也是剖面图，建筑平面图剖切的位置一般选择在能反映建筑物内部结构特征、结构较为复杂与典型部位，同时应通过门窗洞的位置，如图2-35所示。

建筑剖面图的剖切面为立面图的平行平面，用来表达建筑物在垂直方向的组合形式，反映建筑物在被剖切位置上的层数、层高以及主要结构形式（楼梯的结构、天面形式、天面坡度、檐口形式）等。

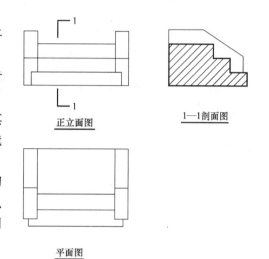

图 2-34　台阶

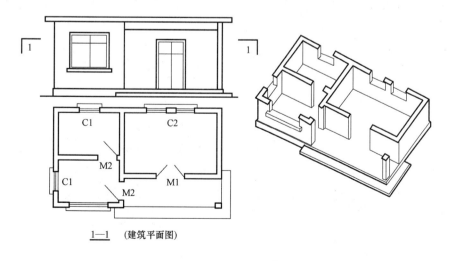

图 2-35　房屋建筑平面图

（2）阶梯剖面图

定义：用两个或者两个以上相互平行且平行于基本投影面的剖切平面剖开物体所形成的图形称为阶梯剖面图。

适用范围：内部各结构的对称中心线不在同一对称平面上的物体。

注意：画阶梯剖面图时，在剖切平面的起始及转折处，均要用粗短线表示剖切位置和投影方向，同时注上剖面名称。当不与其他图线混淆时，直角转折处可以不注写编号。另外，由于剖切面是假想的，因此，两个剖切面的转折处不应画分界线，如图2-36所示。

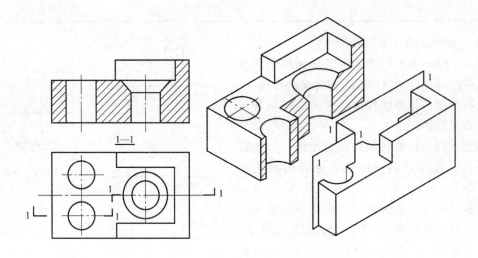

图 2-36　机件阶梯剖

（3）半剖面图

定义：当物体具有对称平面时，作剖切后在其形状对称的示图上，以对称中心线为界，一半画成剖面图，另一半画成视图，组合的图形称为半剖面图，如图2-37所示。

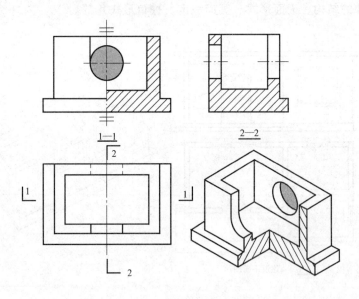

图 2-37　机件的半剖与全剖

适用范围：内外部结构相对比较复杂的形体。

注意：在半剖面图中，如果物体对称中心线是铅垂方向的，则剖面部分应画在对称中心线的右边；如果物体的对称中心线是水平方向，则剖面部分应画在对称线的下边。

另外，在半剖面图中，因内部情况已由剖面图表达清楚，故表示外形的那半边一律不画虚线，只是在某部分形状尚不能确定时，才画出必要的虚线。

半剖面图的剖切符号一律不标注。

半剖面图也可以理解为假想把物体剖去四分之一后画出的投影图，但外形与剖面的分界线应用对称线画出。

（4）局部剖面图

定义：当形体内部个别部分比较复杂，或分层构造的形体需要同时表示时，用剖切平面局部剖开形体或分层剖开形体，所得到的剖面图称为局部剖面图，如图2-38和图2-39所示。

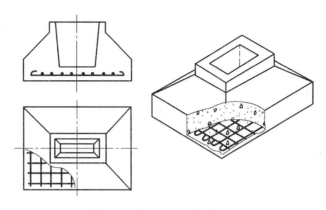

图 2-38　独立基础局部剖面图

适用范围：表达楼面、墙体、地面和屋面的构造。

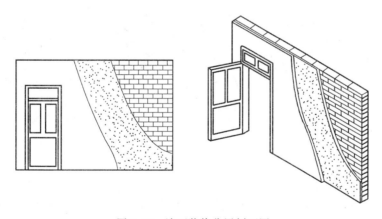

图 2-39　墙面装修分层剖面图

（5）展开剖面图

定义：用两个或两个以上相交的剖切面（剖切面的交线应垂直于某投影面）剖切物体后，将倾斜于投影面的剖面绕其交线旋转展开到与投影面平行的位置，再进行透射，这样所得的剖面图就称为展开剖面图（旋转剖面图），如图2-40所示。用此法剖切时，应在剖面图的图名后加注"展开"字样。

画旋转剖画图时，应在剖切平面的起始及相交处，用粗短线表示剖切位置，用垂直于剖切线的粗短线表示投射方向，如图2-41所示。

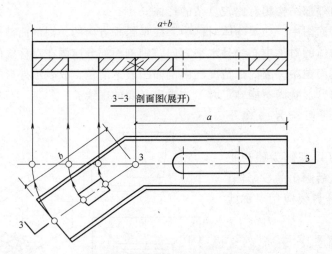

图 2-40　机件展开剖面图

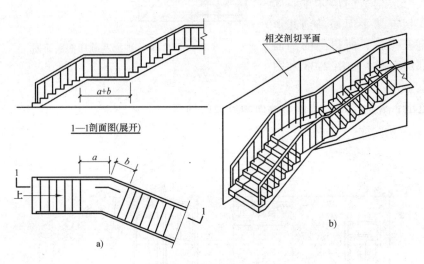

a)

b)

图 2-41　楼梯展开剖面图

（二）断面图

1. 断面图的概念

假想用剖切平面将物体切断，仅画出该剖切面与物体接触部分的图形，并在该图形内画上相应的材料图例，这样的图形称为断面图。

2. 断面图的剖切符号（见图 2-42）

断面图的剖切符号仅用剖切位置线表示。

剖切位置线仍用粗实线绘制，长度约为 6 ~ 10mm。

断面图剖切符号的编号宜采用阿拉伯数字。

编号所在的一侧应为该断面的剖视方向。

3. 断面图的种类

根据断面图在视图中的位置，可分为移出断面图、重合断面图、中断断面图三种。

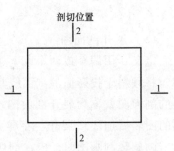

图 2-42　断面图的剖切符号

（1）移出断面图　将断面图画在物体投影轮廓线之外，称为移出断面图，如图 2-43 所示。

（2）中断断面图　将断面图画在杆件的中断处，称为中断断面图，如图 2-44 所示。断开处用折断线表示，圆形构件要采用曲线折断线表示。常用来表示金属或木质材料制成的构件横断面。

（3）重合断面图　将断面图直接画在形体的投影图上，这样的断面图称为重合断面图，如图 2-45 所示。在建筑工程图中，常用重合断面表示楼板或屋面重合断面图，如图 2-46 所示。

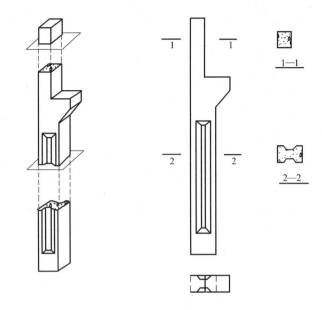

图 2-43　移出断面图

图 2-44　中断断面图

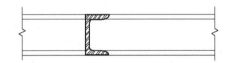

图 2-45　重合断面图

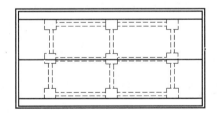

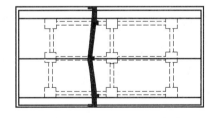

图 2-46　重合断面图（屋面板）

（三）剖面图与断面图的关系

断面图与剖面图的区别在于：断面图只画出形体被剖切后，与剖切平面相交部分的断面图形；而剖面图还要按投影方向，将可见形体轮廓线的投影画完，如图 2-47 所示。由此可以判断，剖面图包含断面图，断面图是剖面图的一部分。

四、任务实施

结合情境二任务三的任务工单，按照表 2-10 的实施流程完成本任务。

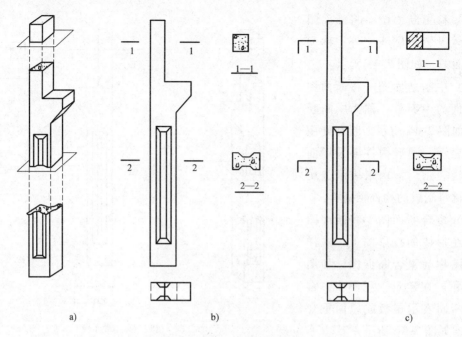

a)   b)   c)

图 2-47   剖面图与断面图的区别

表 2-10   情境二任务三实施流程

过程		工作内容	学生活动	教师活动
1. 教育		"5＋1"教育内容	思考、讨论	教师讲解
2. 教学	2.1 任务信息	学生获得信息,做准备工作	明确任务 阅读任务工单、图纸;查阅教材等资料	下发任务书,引导 给定时间等框架条件,进行分组
	2.2 计划和决策	学生小组讨论完成任务,制定工作程序	小组讨论、比较并和教师交流确定执行方案;制订实施计划	咨询各种可能性,引导学生寻找途径 关注学生活动 尊重学生思考,在学生有重大失误时干预
	2.3 实施及控制检查	按计划工作操作	准备工具、材料;绘图	咨询、质疑,提供帮助
	2.4 成果展示	展示作业成果	呈现成果,语言表述;自评与互评	引导、记录 选出优秀、示范作品
	2.5 评价	对成果展开学生自评、互评和教师评价。师生一起总结工作,肯定成绩,指明问题	成绩自我记录与反思	总结评价,问题归纳,如何做得更好

五、课后作业

1. 读书总结剖面图的形成与绘制要点。

2. 完成任务工单中的习题。

情 境 小 结

本情境中大家完成了9个操作性学习任务，应当积累以下知识：

1）投影的概念和分类，点、线、面、体的三视图投影规律；形体表面取点的两个方法：辅助直线法和辅助圆法；识读组合体三视图的方法：形体分析方法。

2）轴测图的产生、分类、要素；正等测图和斜二测图各自的特点；坐标法、切割法、叠加法、综合法等轴测图基本绘制方法。

3）剖视图的产生、分类；剖面图的特点、种类和画法；断面图的特点、种类和画法。

情 境 自 测

一、选择题

1. 作正投影时，其平行投射线（　　）于投影面。

A. 平行　　　　　　　B. 垂直　　　　　　　C. 倾斜

2. 空间某点 A 的 V 面投影 a' 到 OX 轴的距离等于 A 点到（　　）投影面的距离。

A. H　　　　　　　　B. V　　　　　　　　C. W

3. 棱柱的三面投影为两个矩形加一个（　　）。

A. 矩形　　　　　　　B. 三角形　　　　　　C. 多边形

4. 正等测图三个坐标轴上的伸缩系数为 $p = q = r =$（　　）。

A. 0.82　　　　　　　B. 1　　　　　　　　C. 1.25

5. 剖面图中，位于剖切平面后的可见轮廓线用（　　）绘制。

A. 粗实线　　　　　　B. 中实线　　　　　　C. 细实线

6. 绘图时，用下列比例画同一物体时，图形最大的是（　　）。

A. 1:10　　　　　B. 1:30　　　　　C. 2:1　　　　　D. 1:1

7. 已知点的坐标是（0，0，5），则该点所在的位置是（　　）。

A. H 面　　　　　B. V 面　　　　　C. OX 轴线上　　　　　D. OZ 轴线上

8. 物体在水平投影面上反映的方向是（　　）

A. 上下、左右　　　B. 前后、左右　　　C. 上下、前后　　　D. 任意方向

9. 剖切位置线的长度为（　　）

A. 6~10mm　　　B. 4~6mm　　　C. 5~8mm　　　D. 3~6mm

10. 直线 AB 的 W 面投影反映实长，该直线为（　　）。

A. 水平线　　　　　B. 正平线　　　　　C. 侧平线　　　　　D. 侧垂线

11. 当形体用一个剖面图反映两个位置的剖面常采用（　　）剖面。

A. 全剖面图　　　　B. 半剖面图　　　　C. 阶梯剖面图　　　　D. 局部剖面图

12. 图例　　表示（　　）。

A. 自然土　　　　　B. 素土夯实　　　　C. 三合土　　　　　D. 混凝土

13. 选择物体的第三面投影（　　）。

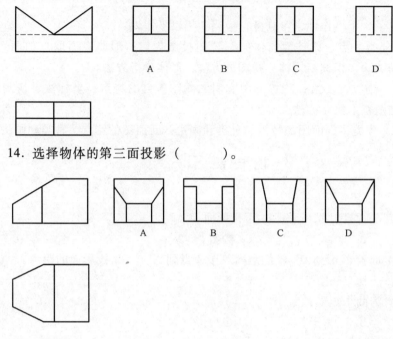

14. 选择物体的第三面投影（　　　　）。

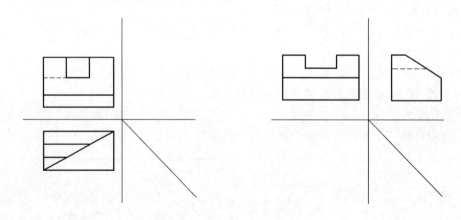

二、判断题

（　　　）1. 在某投影面上形成重影的空间两点有 3 个坐标值相等。

（　　　）2. 三面正投影的三等关系是：VW 高相等，HV 长对正，WV 宽相等。

（　　　）3. 平行于投影面的直线，在该投影面上投影集聚为一个点。

（　　　）4. 与两个投影面平行的投影面必垂直于第三个投影面。

（　　　）5. 断面图用两根与剖切位置线垂直的短横线表示投射方向。

三、作图题

1. 已知两面投影，求作第三面投影（见图 2-48）。

图 2-48

2. 补画图 2-49 所示三视图所缺图线。

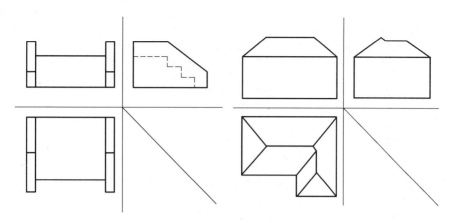

图 2-49

3. 作如图 2-50 所示物体的轴测图，种类自定。

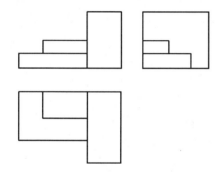

图 2-50

4. 画如图 2-51 所示梁指定位置的剖视图。

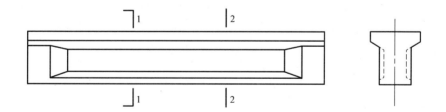

1—1   2—2

图 2-51

情境三　建筑施工图识读

情境概述

　　房屋建筑施工图是表示建筑物的总体布局、外部造型、内部布置、细部构造做法、内外装饰及满足其他专业对建筑的要求和施工要求的图纸，是房屋施工和概预算工作的依据。内容包括首页、总平面图、各层建筑平面图、各朝向立面图、剖面图和各种详图。首页常包括图纸目录、建筑设计总说明、门窗表等。

　　本情境我们将以某教学楼建筑施工图为识读实例依次完成六个学习任务，熟悉相关建筑制图规范，掌握施工图读图方法和要领。

情境名称	任务分解	知识点
情境三　建筑施工图识读	任务一　建筑施工图首页识读	建筑施工图首页内容
		建筑设计总说明的内容和识读要点
		门窗表识读要点
	任务二　建筑总平面图识读	建筑总平面图的内容
		建筑总平面图相关标准与图例
		建筑总平面图识读要点
	任务三　建筑平面图识读	建筑平面图的形成、作用和内容
		建筑平面图的相关标准与图例
		建筑平面图的识读方法和要点
	任务四　建筑立面图识读	建筑立面图的形成、作用和内容
		建筑立面图的相关标准与图例
		建筑立面图的识读方法和要点
	任务五　建筑剖面图识读	建筑剖面图的形成、作用和内容
		建筑剖面图的相关标准与图例
		建筑剖面图的识读方法和要点
	任务六　建筑详图识读	建筑详图的分类;详图和索引的表示
		墙身详图的表达与识读
		楼梯详图的表达与识读

任务一　建筑施工图首页识读

一、任务描述

　　在施工图的编排中，将图纸目录、建筑设计总说明、材料及装修一览表、总平面图及门窗表等编排在整套施工图的前面，我们习惯上称之为首页。根据建筑物复杂程度的不同，内容少的编在一张图纸上，内容多的编在几张图纸上。本任务我们将识读某工程建施图首页，了解建施图首页常涉及的内容及各自的作用，总结首页的识读方法与步骤。

二、任务目标

1. 了解建施图首页的内容。
2. 了解建施图首页的作用。
3. 掌握建施图首页的识读方法和步骤。

三、相关知识

（一）图纸目录的识读

图纸目录是查阅图纸的主要依据，往往以表格的形式呈现，包括图纸序号、类别、编号、图名、规模及备注等栏目。根据图纸类别不同，目录也分为建筑施工图目录、结构施工图目录和设备施工图目录，一般分别附在各类别图纸的首页，也有的工程图将三种目录合为一体放在整套图的最前面。某工程建筑施工图目录见表 3-1。

表 3-1　某工程建筑施工图目录

设计证书编号　　未盖章无效		建设单位	龙源房地产开发有限公司
		工程名称	玉龙小区 5 号住宅楼
		工程编号	

图纸目录				
类别	图纸编号	图纸名称(括标、通、统、重用图)	图幅	附注
建施	01	建筑设计说明	A2 + 1/4	
建施	02	一层平面图	A2 + 1/4	
建施	03	二层平面图	A2 + 1/4	
建施	04	三 - 五层平面图	A2 + 1/4	
建施	05	六层平面图	A2 + 1/4	
建施	06	屋顶平面图(一)	A2 + 1/4	
建施	07	屋顶平面图(二)	A2 + 1/4	
建施	08	(1)—(24)立面图	A2 + 1/4	
建施	09	(24)—(1)立面图	A2 + 1/4	
建施	10	(A)—(H)立面图、1—1 剖面图	A2 + 1/4	
建施	11	楼梯(一)详图	A2 + 1/4	
建施	12	楼梯(二)详图	A2	
建施	13	厨房、卫生间详图	A2	
建施	14	阳台详图	A2	
建施	15	大样图	A2 + 1/2	
建施	16	门窗表及门窗立面详图	A2	

项目负责人			审核		
项目负责人		校对		设计	

识图分析：通过图纸目录中的标题栏，可知该工程名称为玉龙小区 5 号住宅楼，该部分的图纸类别为建筑施工图，从"图纸编号"一列可以看出该部分共有 16 张图纸，每张图纸都有对应的名称和图纸大小（2 号图纸、2 号图纸加长 1/4 和 1/2）。

小提示

在图纸交底时，可以根据图纸目录对照下面图纸右下角标题栏上的信息进行清点。

（二）建筑设计总说明的识读

根据建筑物和周围环境的复杂程度，建筑设计总说明的内容有多有少，但不论多少一般均包括设计依据、工程概况、工程做法、消防和施工要求等。

1. 设计依据

主要设计依据一般包括三个方面：一是建设方与设计方的设计合同形成的条件；二是上级部门对该项目的有关批文；三是执行的国家相关规范、标准、条例等。某工程设计依据如图 3-1 所示。

1. 设计依据

1.1 主管部门批复的涵，建规划红线。

1.2 甲乙双方签订的设计合同。

1.3 设计采用规范：

《建筑设计防火规范》(GB 50016-2006)

《民用建筑设计通则》(GB 50352-2005)

《办公建筑设计规范》(JGJ 67-2006)

《无障碍设计规范》(GB 50763-2012)

图 3-1　某工程设计依据

2. 工程概况

工程概况一般应包括建筑名称、项目地址、建设单位、结构类型、工程等级、使用年限、建筑层数和高度、建筑面积、设计标高以及安全设计（安全设计又包含防火设计、耐火等级、人防工程防护等级、屋面防水等级、地下室防水等级、抗震设防烈度等）等内容。某项目施工图工程概况见表 3-2，某工程安全设计见表 3-3。

表 3-2　某项目施工图工程概况

项目		单位	数量	项目		单位	数量
建设地点		上海市梅花路和期南路交汇 A 地块					
设计规范		六层住宅楼		建筑层数	主体	层	6
总建筑面积		m²	3204.6		裙房	层	无
其中	地上	m²	3204.6		地下室	层	无
	地下	m²	无	消防建筑高度	主体	m	19.650
建筑基底面积		m²	551.3		裙房	m	无
设计标高		相对标高 ±0.000 的相当于绝对标高 24.35m，室内外高差 0.150m					
设计内容补充说明							

表 3-3　某工程安全设计

项目	级别(类别)	项目		级别(类别)
结构形式	框架	防火设计类别		高度小于 24m 的民用建筑
结构安全等级	二级	耐火等级	主体	二级
抗震设防烈度	六度		裙房	
人防工程等级	无		地下室	

3. 工程做法

工程做法主要包括墙体、屋面、楼地面、门窗及内外装修等的做法。施工人员必须认真读懂表述中的工程术语、各种数字、符号的含义，需要扎实的构造知识作为基础。工程做法一般用文字描述（见图 3-2），有时也采用列表说明，或者同时采用两种表达方式。

10. 阳台、楼梯

10.1　栏杆扶手高度自可踏面计算为1100。
　　　垂直杆件间的净距不应大于110。做法详西南04J412-28-2。

10.2　楼梯杆扶手高度自踏步前缘量起不应小于950，靠梯井
　　　一侧水平长度大于500时以及顶层，栏杆扶手高度自可
　　　踏步计算为1000。垂直杆件间的净距不应大于110。
　　　做法详西南04J412-P43-6。

10.3　楼梯踏步防滑条做法详西南04J412-P60-3。

10.4　楼梯踏步和公共过道均采用防滑砖。

10.5　栏杆满足设计要求DBJ50-123-2010。

图 3-2　某工程阳台、楼梯工程做法

4. 消防

消防主要包括消防的设计依据、防火分区和消防措施等，如图 3-3 所示。

5. 施工要求

施工要求即建筑设计总说明中的"其他"部分，包含两个方面的内容，一是严格执行国家颁布的施工规范及验收标准，二是对材料的采购要求，要求把好质量关，如图 3-4 所示。

（三）材料及装修一览表

材料及装修一览表是工程做法文字描述的补充，以列表形式表现，更为直观，见表 3-4。

（四）门窗表

门窗表一般有名称、编号、洞口尺寸、数量、型号、备注等栏目，是对工程中的所有门窗的统计，是门窗工程描述的补充。有必要时，将过梁也列在一起，称为"门窗过梁表"。有时候为了查阅方便，门窗表也可以放到门窗大样图旁边。

12. 防火设计

12.1 本项目建筑防火等级：二级

设计耐火等级为二级，执行《建筑设计防火规范》(GB 50016-2006)。

12.2 本项目建筑间距及消防道路的设置见总平面布置图。

12.3 预留的管道井待各专业管道安装完成后，按每层用相当于楼板耐火极限的不燃烧体进行封闭(注意预留钢筋)。

12.4 建筑二次装修应采用不燃烧或难燃烧材料，并按《建筑内部装修设计防火规范》(GB 50222-1995)执行。

图 3-3　某工程消防设计

13.3 施工做法必须严格按照国家有关规范和规定执行，特别是所选标准图集中的有关材料及施工要求。

13.4 所有建筑材料、配件必须符合现行国家标准，关键材料应现场抽样检验合格后方可使用。

图 3-4　某工程设计总说明之施工要求（部分）

表 3-4　某工程材料及装修一览表

类别	名称	采用标准图编号	使用部位	备注
楼地面	地砖楼面	西南 J04312，P19，3184，1.5mm 厚聚胺脂防水涂料，地砖面层不板	卫生间，厨房	—
	花岗石地面	西南 04J312，P12，3147b	室外公共，入口大堂	包彩现场定样
	水泥砂浆楼顶	西南西面 04J312，P4，3104	二次装修房间	—
	水泥砂浆地面	西南 04J312，P4，3103	未做结构底板的二次装修房间	—
	水泥石屑地面	西南 04J312，P7，3124b	设备用房	—
内墙	水泥砂浆喷涂料墙面	西面 04J515，P4，N07	公共交通部分，设备用房	白色乳胶漆
	水泥砂浆喷涂料墙面	西面 04J515，P4，N07，不做涂料层	二次装修房间	—
板	花岗石板	西南 04J312，P13，3153	单元入口大堂	高 200
	地砖板	西南 04J312，P20，3187	二次装修房间	高 150
外墙	涂料	西南 04J516，P61，5302　5303	详立面	保湿层为无机保湿砂浆30厚

表 3-5　某工程门窗表

类型	设计编号	洞口尺寸/mm	数量	选用型号	备注
普通门	M1021	1000×2100	10		
	M1524	1500×2400	5		
	M1530	1500×2950	7		
普通窗	C0918	900×1800	4		
	C1518	1500×1800	2		
	C2420	2400×2000	38		
洞口	DK1018	1000×1800	4		
	DK1824	1800×2400	2		

四、任务实施

结合情境三任务一的任务工单，按照表 3-6 的实施流程完成本任务。

表 3-6　情境三任务一实施流程表

过程		工作内容	学生活动	教师活动
1. 教育		"1＋5"教育内容	思考、讨论	教师讲解
2. 教学	2.1　咨询	学生获得信息：要做什么？为完成该任务进行信息和材料准备	明确任务；阅读课题任务书，熟悉课堂要求，查阅教材等资料	下发任务书；给定时间等框架条件，进行分组
	2.2　分组学习	学生小组讨论完成引导文要求	读书，讨论，解题	辅导，咨询；关注学生活动
	2.3　成果展示与评价	展示学生成果，学生互评，教师评价	各组展示答案，互讲并互评	评定、记录、小结，选出优秀示范作品

五、课后练习

1. 简述施工图首页的内容。
2. 简述建筑设计总说明的内容及意义。

任务二　建筑总平面图识读

一、任务描述

房屋建筑总平面图是在建设基地的地形图上，把已有的、新建的和拟建的建筑物、构筑物以及道路、绿化等按与地形图同样的比例绘制出来的平面图。它表明新建房屋的平面轮廓形状、层数、室内外标高、与原有建筑物的相对位置、周围环境、地貌地形、道路和绿化的布置等情况，是新建房屋及其他设施的施工定位、土方施工，以及设计水、电、暖、煤气等管线总平面图的依据。

本任务通过识读某工程建筑总平面图（见图 3-5）来了解建筑总平面图的内容，理解相关概念，熟悉各种图例和符号，掌握建筑总平面图的识读方法。

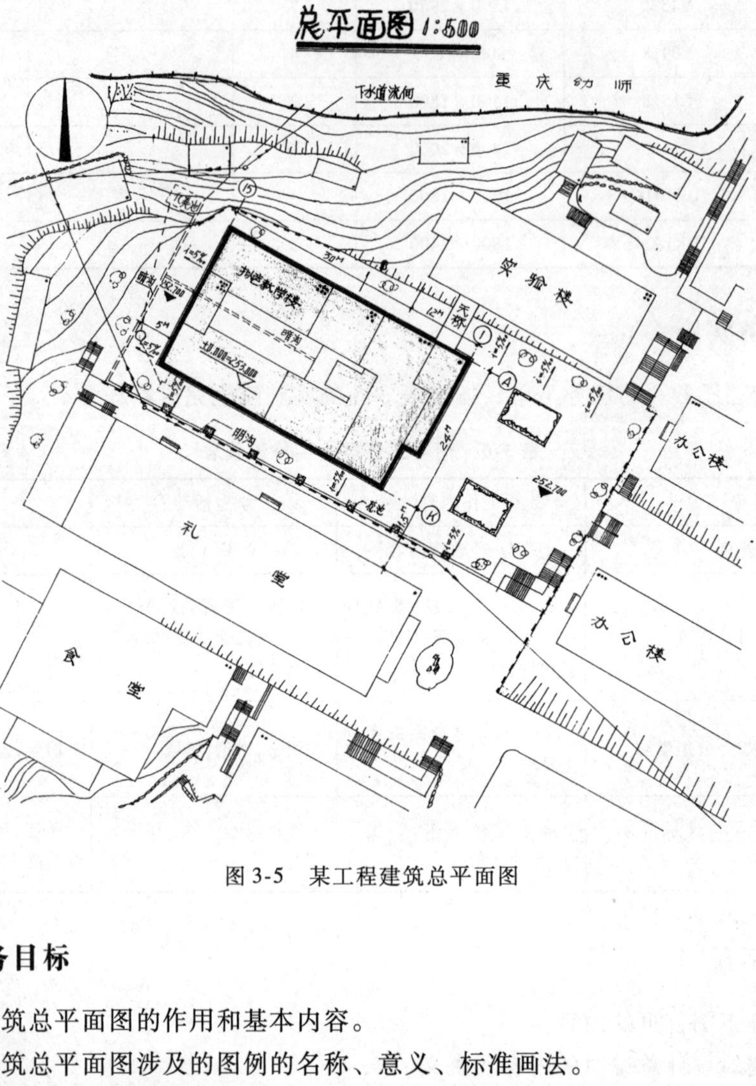

图 3-5　某工程建筑总平面图

二、任务目标

1. 了解建筑总平面图的作用和基本内容。

2. 理解建筑总平面图涉及的图例的名称、意义、标准画法。

3. 掌握建筑平面图的识读方法。

三、相关知识

（一）基本概念

1. 图名

图名：总平面图。

2. 比例

建筑总平面图所表示的范围比较大，一般采用的比例有 1:500、1:1000、1:2000。

一般比例跟在图名后面，书写时数字比汉字稍低，置于总平面图的下方。

3. 标高

标高用来表示建筑物各部位的高度，单位默认为米，且不注出。应以含有 ±0.00 标高的平面作为总图平面。总平面图中标注的标高应为绝对标高，如标注相对标高，则应注明相对标高与绝对标高的换算关系。

1）标高符号应用等腰三角形表示，用细实线绘制，如图 3-6 所示。

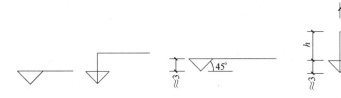

图 3-6　室内标高符号

2）总平面图室外地坪标高符号，宜用涂黑的三角形表示，如图 3-7 所示。

3）标高符号的尖端应指至被注高度的位置，尖端一般应向下，也可向上，如图 3-8 所示。标高数字应注写在标高符号的左侧或右侧。

图 3-7　室外标高符号

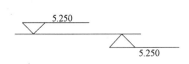

图 3-8　标高数字的注写

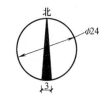

图 3-9　指北针

总平面图标高保留两位小数，其他图上标高保留三位小数。

4. 指北针

指北针（见图 3-9）用细实线绘制，圆的直径为一般为 24mm，尾部宽 3mm，指针头部标注"北"或"N"字。当需要把指北针画得更大时，指针尾部的宽度宜为直径的 1/8。

5. 风向玫瑰图

风向玫瑰图又称风频图，是将风向分为 8 个或 16 个方位，在各方向线上按各方向风的出现频率（所用的资料通常采用一个地区多年的平均统计资料），截取相应的长度，将相邻方向线上的截点用直线联结的闭合折线图形，如图 3-10 所示。图中实线表示全年风向频率，虚线表示夏季（6～8 月）风向频率。

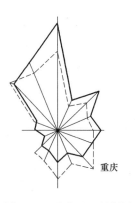

图 3-10　重庆地区风频图

6. 图例

由于总平面图采用小比例绘制，有些图示内容不能按真实形状表示，因此在绘制总平面图时，通常按"国标"规定的图例画出。总平面图常用图例节录见表3-7。

表3-7　总平面图常用图例节录（摘自《总图制图标准》（GB/T 50103—2010））

序号	名称	图例	备注
1	新建建筑物	$X=$ $Y=$ ① 12F/2D $H=59.00$m	新建建筑物以粗实线表示与室外地坪相接处 ±0.00 外墙定位轮廓线 建筑物一般以 ±0.00 高度处的外墙定位轴线交叉点坐标定位。轴线用细实线表示，并标明轴线号 根据不同设计阶段标注建筑编号，地上、地下层数，建筑高度，建筑出入口位置（两种表示方法均可，但同一图纸采用一种表示方法） 地下建筑物以粗虚线表示其轮廓 建筑上部（ ±0.00 以上）外挑建筑用细实线表示 建筑物上部轮廓用细虚线表示并标注位置
2	原有建筑物		用细实线表示
3	计划扩建的预留地或建筑物		用中粗虚线表示
4	拆除的建筑物		用细实线表示
5	建筑物下面的通道		—
18	围墙及大门		—
19	挡土墙	5.00 1.50	挡土墙根据不同设计阶段的需要标注墙顶标高墙底标高
20	挡土墙上设围墙		—

（续）

序号	名称	图例	备注
21	台阶及无障碍坡道	1.　2.	1. 表示台阶（级数仅为示意） 2. 表示无障碍坡道
28	坐标	1.　$X=105.00$　$Y=425.00$ 2.　$A=105.00$　$B=425.00$	1. 表示地形测量坐标系 2. 表示自设坐标系 坐标数学平行于建筑标注
29	方格网交叉点标高	-0.50 | 77.85 78.35	"78.35"为原地面标高 "77.85"为设计标高 "-0.50"为施工高度 "$-$"表示挖方（"$+$"表示填方）
30	填方区、挖方区、未整平区及零线	$+$ ／ $-$	"$+$"表示填方区 "$-$"表示挖方区 中间为未整平区 点划线为零点线
31	填挖边坡	40.00	—
34	地表排水方向	／／	—
35	截水沟	40.00	"1"表示1%的沟底纵向坡度，"40.00"表示变坡点间距，箭头表示水流方向
36	排不明沟	107.50 $+$ $\dfrac{1}{40.00}$ 107.50 $-$ $\dfrac{1}{40.00}$	上图用于比例较大的图面 下图用于比例较小的图面 "1"表示1%的沟底纵向坡度，"40.00"表示变坡点间距，箭头表示水流方向 "107.50"表示沟底变坡点标高（变坡点以"$+$"表示）
37	有盖板的排水沟	$\dfrac{1}{40.00}$ $\dfrac{1}{40.00}$	—
38	雨水口中	1.　2.　3.	1. 雨水口 2. 原有雨水口 3. 双落式雨水口

（续）

序号	名称	图例	备注
39	消火栓井		—
45	室内地坪标高	151.00 （±0.00）	数字平行于建筑物书写
46	室外地坪标高	143.00	室外标高也可采用等高线
47	盲道		—
48	地下车库入口		机动车停车场
49	地面露天停车场		—
50	露天机械停车场		露天机械停车场

⚙ 小提示

当要表达的东西没有标准图例时，设计者可以自己设计图例，但需在总图旁边注明图例的含义。

（二）建筑总平面图的识读

1）弄清图名、比例，查看相关图例及文字说明。

2）找到拟建建筑物，弄清其平面形状、大小、层数、朝向。

3）查找定位方式。查找定位方式即弄清拟建建筑物的位置是如何确定的。拟建建筑物的定位方式有三种，第一种是按原有建筑物或原有道路定位；二是按施工坐标定位；三是按大地测量坐标定位。

4）查看拟建房屋标高及周围地形。

5）查看周围房屋、道路、绿化等。

四、任务实施

结合情境三任务二的任务工单，按照表 3-8 的实施流程完成本任务。

表 3-8　情境三任务二实施流程

过程		工作内容	学生活动	教师活动
1. 教育		"5+1"教育内容	思考、讨论	教师讲解
2. 教学	2.1　咨询	学生获得信息：要做什么？为完成该任务进行信息和材料准备	明确任务	下发任务书 给定时间等框架条件，进行分组
	2.2　操作	按引导文完成任务	查阅教材等资料，完成引导文作业	指导学生操作
	2.3　总结读图要点和步骤	总结读图要点和步骤	小组讨论、总结	关注学生活动 提供必要的帮助
	2.4　成果展示与评价	成果展示；学生自评、互评和教师评价。师生一起总结工作，肯定成绩，指明问题	做陈述、展示成果、项目小结 学生互评	总结评价，问题归纳，如何做得更好

五、课后练习

1. 简述总平面图要表达的内容。

2. 熟读图例。

3. 网上查阅并回答"测量坐标与建筑坐标的区别与联系"。

任务三　建筑平面图识读

一、任务描述

本任务我们将识读某教学楼建筑施工图中各楼层平面图（见图 3-11），并抄画指定楼层平面图，在此过程中学习建筑平面图的相关知识，掌握平面图的识读方法和步骤。

本任务分成两个子任务完成：某教学楼建筑平面图识读和指定楼层平面图抄画。抄画的目的是促使学生更深入地读图，同时通过抄画作业更准确地反应学生的读图成果。

二、任务目标

1. 了解建筑平面图的形成和作用。

2. 了解建筑平面图的表达内容和表达方式。

3. 理解建筑平面图相关专业术语。

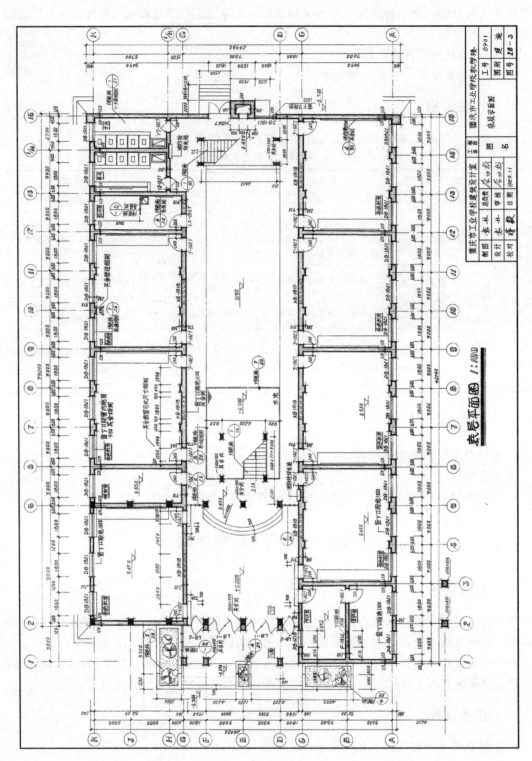

图 3-11 某教学楼底层平面图（其他楼层层平面图见教材配套图集）

4．掌握建筑平面图的识读方法和步骤。

5．掌握建筑平面图的绘制方法。

三、相关知识

（一）基本概念

1．建筑平面图的形成及表达方式

假想用一个水平的剖切平面沿房屋门窗洞口的部位剖开，移去上部后向下投影所得的水平投影图，称为建筑平面图，如图3-12所示。

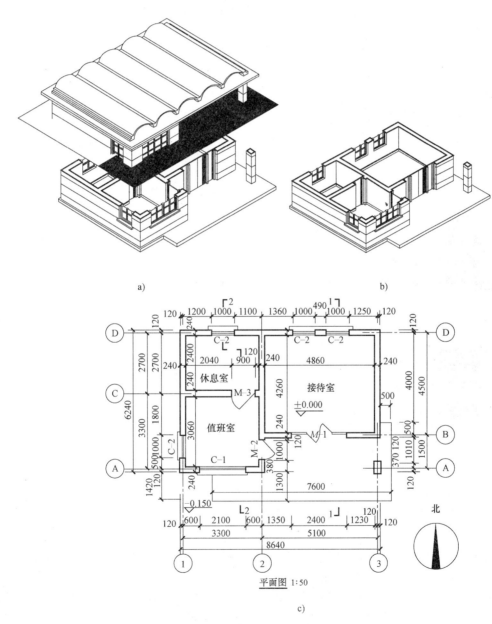

图 3-12　建筑平面图的产生

建筑平面图实质上是房屋各层的水平剖面图，绘图时按剖面图方法绘制。平面图虽然是房屋的水平剖面图，但按习惯不必标注其剖切位置，也不称为剖面图。

一般来讲房屋有几层就应画几个平面图，并在下方标注相应的图名和比例，如底层平面图、二层平面图……顶层平面图、屋顶平面图。高层及多层建筑中存在许多平面布局相同的楼层，它们可用一个平面图来表达，称为"标准层平面图"或"×～×层平面图"。

2. 建筑平面图的作用

建筑平面图主要反映房屋的平面形状、大小和房间布置，内外交通联系，墙或柱的位置、厚度，材料，门窗的位置、开启方向，构造做法等基本情况。建筑平面图可作为施工放线、砌筑墙柱、门窗安装和室内装修及编制预算的重要依据。

3. 建筑平面图的内容

1）建筑物的平面组合及形状、定位轴线及总尺寸。

2）建筑物内部各房间的名称、形状、大小，表示墙体、柱、门窗的位置、尺寸及编号。

3）建筑物室内外地坪标高。

4）表示室内设备及墙上的预留洞。

5）表示台阶、阳台、散水、雨篷、楼梯、烟道、通风道等的位置及尺寸。

6）详图索引符号、剖切符号及相关图例。

7）底层平面图应表明剖面图的剖切符号，表明指北针。

8）屋顶平面图中应表示出屋顶形状，屋面排水方向、坡度或泛水，以及其他构配件的位置和某些轴线。

4. 建筑平面图的表示方法

（1）比例 建筑平面图常用的比例为 1:50、1:100、1:200，实际工程中 1:100 使用最多。

（2）图线 凡被剖到、切到的墙、柱断面轮廓线用粗实线画出，没有剖到的可见轮廓线用中实线或细实线画出。尺寸线、尺寸界线、引出线、图例线、索引符号、标高符号等用细实线画出，轴线用细单点长画线画出。

（3）定位轴线 凡是承重的墙、柱，都必须标注定位轴线，并按顺序予以编号，如图 3-13 所示。

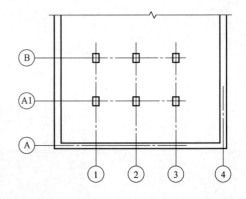

图 3-13 定位轴线编号

定位轴线应用细单点长画线绘制。编号应注写在轴线端部的圆内。圆应用细实线绘制，直径为 8～10mm。定位轴线圆的圆心应在定位轴线的延长线或延长线的折线上。除较复杂需采用分区编号或圆形、折线形外，一般平面上定位轴线的编号，宜标注在图样的下方或左侧。横向编号应用阿拉伯数字，从左至右顺序编写；竖向编号应用大写拉丁字母，从下至上顺序编写。拉丁字母作为轴线号时，应全部采用大写字母，不应用同一个字母的大小写来区分轴线号。拉丁字母中的 I、O、Z 不得作为轴线编号。当字母数量不够使用时，可增用双字母或单字母加数字注脚。

附加定位轴线的编号，应以分数形式表示，并应符合下列规定：

① 两根轴线的附加轴线，应以分母表示前一轴线的编号，分子表示附加轴线的编号（见图 3-14）。编号宜用阿拉伯数字顺序编写。

② 1 号轴线或 A 号轴线之前的附加轴线的分母应以 01 或 0A 表示（见图 3-15）。

图 3-14　后附加轴线编号 　　　　　　　　　　　　　　图 3-15　前附加轴线编号

③ 详图定位轴线（见图 3-16）：一个详图适用于几根轴线时，应同时注明各有关轴线的编号。

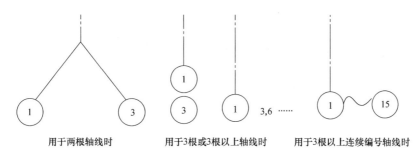

用于两根轴线时　　　　　　用于3根或3根以上轴线时　　　用于3根以上连续编号轴线时

图 3-16　详图定位轴线编号

（4）标高　标高符号应以直角等腰三角形表示，用细实线绘制，如图 3-17a 所示。如标注位置不够，也可按图 3-17b 所示形式绘制。标高符号的具体画法如图 3-17c、d 所示。

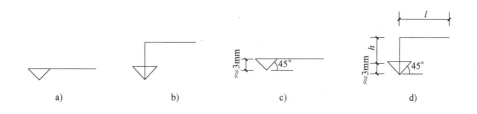

a)　　　　　　　　b)　　　　　　　　c)　　　　　　　　d)

图 3-17　标高符号

l—取适当长度注写标高数字　h—根据需要取适当高度

标高符号的尖端应指至被注高度的位置。尖端宜向下，也可向上。标高数字应注写在标高符号的上侧或下侧，如图 3-18 所示。

标高数字应以米为单位，注写到小数点以后第三位。在总平面图中，可注写到小数点以后第二位。零点标高应注写成 ±0.000，正数标高不注 "＋"，负数标高应注 "－"，例如 3.000、−0.600 。

图 3-18　标高的指向

在图样的同一位置需表示几个不同标高时，标高数字可按图 3-19 的形式注写。

（5）尺寸标注　图样上的尺寸，包括尺寸界线、尺寸线、尺寸起止符号和尺寸数字，如图 3-20 所示。

图 3-19　同一位置注写多个标高数字　　　　　图 3-20　尺寸的组成

尺寸界线应用细实线绘制，一般应与被注长度垂直，其一端应距离图纸轮廓线不小于 2mm，另一端宜超出尺寸线 2～3mm。图样轮廓线可作为尺寸界线，如图 3-21 所示。

尺寸线应用细实线绘制，应与被注长度平行。图纸本身的任何图线均不得用作尺寸线。

尺寸起止符号一般用中粗斜短线绘制，其倾斜方向应与尺寸界线成顺时针 45°角，长度宜为 2～3mm。半径、直径、角度与弧长的尺寸起止符号，宜用箭头表示，如图 3-22 所示。

图 3-21　尺寸界线　　　　　　　　　图 3-22　箭头尺寸起止符号

图样上的尺寸，应以尺寸数字为准，不得从图上直接量取。图样上的尺寸单位，除标高及总平面以米为单位外，其他必须以毫米为单位。

尺寸数字一般应依据其方向注写在靠近尺寸线的上方中部。如没有足够的注写位置，最外边的尺寸数字可注写在尺寸界线的外侧，中间相邻的尺寸数字可上下错开注写，引出线端部用圆点表示标注尺寸的位置，如图 3-23 所示。

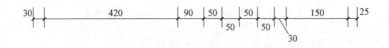

图 3-23　尺寸数字的注写位置

尺寸宜标注在图样轮廓以外，不宜与图线、文字及符号等相交。

互相平行的尺寸线，应从被注写的图样轮廓线由近向远整齐排列，较小尺寸应离轮廓线较近，较大尺寸应离轮廓线较远，如图 3-24 所示。

平面图标注的尺寸常被分为外部尺寸和内部尺寸。

外部尺寸：标注在建筑物轮廓之外的尺寸。一般标注在平面图的下方和左方，分三道标注。

1）最外面一道是总尺寸，表示房屋的总长和总宽。

2）中间一道是定位尺寸（定位轴线间的尺寸），表示房屋的开间和进深。

3）最里面一道是细部尺寸、表示门窗洞口、窗间墙、墙厚等细部尺寸，同时还应注写室外附属设施，如台阶、阳台、散水、雨篷的尺寸等。

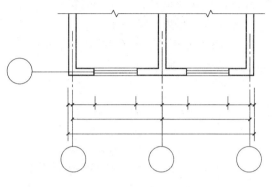

图 3-24　尺寸的排列

内部尺寸：标注在建筑物轮廓之内的尺寸。一般应标注室内门窗洞、墙厚、柱、砖垛和固定设备（如厕所、盥洗室等）的大小位置以及详细标注出尺寸等。

（6）索引符号与详图符号　图纸中的某一局部或构件，如需另见详图，应以索引符号索引。索引符号是由直径为 8～10mm 的圆和水平直径组成，圆及水平直径应以细实线绘制。

索引符号应按下列规定编写：

1）索引出的详图，如与被索引的详图同在一张图纸内，应在索引符号的上半圆中用阿拉伯数字注明该详图的编号，并在下半圆中间画一段水平细实线（见图 3-25a）。

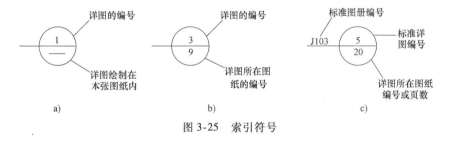

图 3-25　索引符号

2）索引出的详图，如与被索引的详图不在同一张图纸内，应在索引符号的上半圆中用阿拉伯数字注明该详图的编号，在索引符号的下半圆用阿拉伯数字注明该详图所在图纸的编号（见图 3-25b）。数字较多时，可加文字标注。

3）索引出的详图，如采用标准图，应在索引符号水平直径的延长线上加注该标准图册的编号（见图 3-25c）。需要标注比例时，文字在索引符号右侧或延长线下方，与符号下对齐。

4）索引符号如用于索引剖视详图，应在被剖切的部位绘制剖切位置线，并以引出线引出索引符号，引出线所在的一侧应为剖视方向。索引符号的编写同上，如图 3-26 所示。

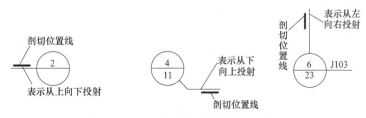

图 3-26　用于索引剖面详图的索引符号

详图的位置和编号，应以详图符号表示。详图符号的圆应以直径为 14mm 粗实线绘制。

详图应按下列规定编号：

1）详图与被索引的图纸同在一张图纸内时，应在详图符号内用阿拉伯数字注明详图的编号，如图 3-27a 所示。

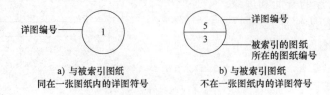

a) 与被索引图纸
同在一张图纸内的详图符号

b) 与被索引图纸
不在一张图纸内的详图符号

图 3-27　详图符号

2）详图与被索引的图纸不在同一张图纸内时，应用细实线在详图符号内画一水平直径，在上半圆中注明详图编号，在下半圆中注明被索引的图纸的编号，如图 3-27b 所示。

（7）剖切符号　底层平面图中应标注建筑剖面图的剖切位置和投影方向，并注出编号。

（8）指北针　底层平面图中一般在图样右上角画出指北针符号（见图 3-28），以表明房屋的朝向。

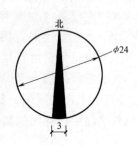

图 3-28　指北针

（9）常用图例　构造及配件图例见表 3-9，水平及垂直运输装置图例见表 3-10。

表 3-9　构造及配件图例（摘自《建筑制图标准》（GB/T 50104—2010））

序号	名称	图例	说明
1	墙体		应加注文字或填充图例表示墙体材料,在项目设计图纸说明中列材料图例表给予说明
2	隔断		1. 包括板条抹灰、木制、石膏板、金属材料等隔断 2. 适用于到顶与不到顶隔断
3	栏杆		—
4	楼梯		1. 上图为底层楼梯平面,中图为中间层楼梯平面,下图为顶层楼梯平面 2. 楼梯及栏杆扶手的形式和梯段踏步数应按实际情况绘制

（续）

序号	名称	图例	说明
5	坡道		上图为长坡道，下图为门口坡道
6	平面高差		适用于高差小于100的两个地面或楼面相接处
7	检查孔		左图为可见检查孔 右图为不可见检查孔
8	孔洞		涂色部分可以阴影代替
9	坑槽		—
10	墙预留洞	宽×高或φ 底(顶或中心)标高××,×××	1. 以洞中心或洞边定位 2. 宜以涂色区别墙体和留洞位置
11	墙顶留槽	宽×高×深或φ 底(顶或中心)标高××,×××	
12	烟道		1. 涂色部分可以阴影代替 2. 烟道与墙体为同一材料，其相接处墙身线应断开
13	通风道		

（续）

序号	名称	图例	说明
14	在原有洞旁扩大的洞		—
15	在原有墙或楼板上全部填塞的洞		—
16	在原有墙或楼板上局部填塞的洞		—
17	空门洞	$h=$	h 为门洞高度
18	单扇门（包括平开或单面弹簧）		1. 门的名称代号用 M 2. 图例中剖面图左为外、右为内，平面图下为外、上为内 3. 立面图上开启方向线交角的一侧为安装合页的一侧，实线为外开，虚线为内开 4. 平面图上门线应 90°或 45°开启，开启弧线宜绘出 5. 立面图上的开启线在一般设计图中可不表示，在详图及室内设计图上应表示 6. 立面形式应按实际情况绘制
19	双扇门（包括平开或单面弹簧）		
20	对开折叠门		

（续）

序号	名称	图例	说明
21	推拉门		1. 门的名称代号用 M 2. 图例中剖面图左为外、右为内,平面图下为外、上为内 3. 立面形式应按实际情况绘制
22	墙外单扇推拉门		
23	墙外双扇推拉门		1. 门的名称代号用 M 2. 图例中剖面图左为外、右为内,平面图下为外、上为内 3. 立面形式应按实际情况绘制
24	墙中单扇推拉门		
25	墙中双扇推拉门		
26	单扇双面弹簧门		1. 门的名称代号用 M 2. 图例中剖面图左为外、右为内,平面图下为外、上为内 3. 立面图上开启方向线交角的一侧为安装合页的一侧,实线为外形,虚线为内开 4. 平面图上门线应 90°或 45°开启,开启弧线宜绘出 5. 立面图上的开启线在一般设计图中可不表示,在详图及室内设计图上应表示 6. 立面形式应按实际情况绘制
27	双扇双面弹簧门		

（续）

序号	名称	图例	说明
28	单扇内外开双层门（包括平开或单面弹簧）		1. 门的名称代号用 M 2. 图例中剖面图左为外、右为内，平面图下为外、上为内 3. 立面图上开启方向线交角的一侧为安装合页的一侧，实线为外开，虚线为内开 4. 平面图上门线应90°或45°开启，开启弧线宜绘出 5. 立面图上的开启线在一般设计图中可不表示，在详图及室内设计图上应表示 6. 立面形式应按实际情况绘制
29	双扇内外开双层门（包括平开或单面弹簧）		
30	竖向卷帘门		1. 门的名称代号用 M 2. 图例中剖面图左为外、右为内，平面图下为外、上为内 3. 立面形式应按实际情况绘制
31	横向卷帘门		
32	提升门		
33	单层固定窗		1. 窗的名称代号用 C 表示 2. 立面图中的斜线表示窗的开启方向，实线为外开，虚线为内开；开启方向线交角的一侧为安装合页的一侧，一般设计图中可不表示 3. 图例中，剖面图所示左为外，右为内，平面图所示下为外，上为内 4. 平面图和剖面图上的虚线仅说明开关方式，在设计图中不需要表示 5. 窗的立面形式应按实际绘制 6. 小比例绘图时平、剖面的窗线可用单粗实线表示

（续）

序号	名称	图例	说明
34	单层外开上悬窗		
35	单层中悬窗		1. 窗的名称代号用 C 表示 2. 立面图中的斜线表示窗的开启方向，实线为外开，虚线为内开；开启方向线交角的一侧为安装合页的一侧，一般设计图中可不表示 3. 图例中，剖面图所示左为外，右为内，平面图所示下为外，上为内 4. 平面图和剖面图上的虚线仅说明开关方式，在设计图中不需表示 5. 窗的立面形式应按实际绘制 6. 小比例绘图时平、剖面的窗线可用单粗实线表示
36	单层内开下悬窗		
37	立转窗		
38	单层外开平开窗		
39	单层内开平开窗		1. 窗的名称代号用 C 表示 2. 立面图中的斜线表示窗的开启方向，实线为外开，虚线为内开；开启方向线交角的一侧为安装合页的一侧，一般设计图中可不表示 3. 图例中，剖面图所示左为外，右为内，平面图所示下为外，上为内 4. 平面图和剖面图上的虚线仅说明开关方式，在设计图中不需表示 5. 窗的立面形式应按实际绘制 6. 小比例绘图时平、剖面的窗线可用单粗实践表示
40	双层内外开平开窗		

（续）

序号	名称	图例	说明
41	推拉窗		1. 窗的名称代号用 C 表示 2. 图例中,剖面图所示左为外,右为内,平面图所示下为外,上为内 3. 窗的立面形式应按实际绘制 4. 小比例绘图时平、剖面的窗线可用单粗实线表示
42	上推窗		1. 窗的名称代号用 C 表示 2. 图例中,剖面图所示左为外,右为内,平面图所示下为外,上为内 3. 窗的立面形式应按实际绘制 4. 小比例绘图时平、剖面的窗线可用单粗实线表示
43	百叶窗		1. 窗的名称代号用 C 表示 2. 立面图中的斜线表示窗的开启方向,实线为外开,虚线为内开;开启方向线交角的一侧为安装合页的一侧,一般设计图中可不表示 3. 图例中,剖面图所示左为外,右为内,平面图所示下为外,上为内 4. 平面图和剖面图上的虚线仅说明开关方式,在设计图中不需表示 5. 窗的立面形式应按实际绘制
44	高窗	$h=$	1. 窗的名称代号用 C 表示 2. 立面图中的斜线表示窗的开启方向,实线为外开,虚线为内开;开启方向线交角的一侧为安装合页的一侧,一般设计图中可不表示 3. 图例中,剖面图所示左为外,右为内,平面图所示下为外,上为内 4. 平面图和剖面图上的虚线仅说明开关方式,在设计图中不需表示 5. 窗的立面形式应按实际绘制 6. h 为窗底距本层楼地面的高度

表 3-10　水平及垂直运输装置图例（摘自《建筑制图标准》（GB/T 50104—2010））

序号	名称	图例	说明
1	铁路		本图例适用于标准轨及窄轨铁路,使用本图例时应注明轨距
2	起重机轨道		—

（续）

序号	名称	图例	说明
3	电动葫芦	$Gn=$(t)	
4	梁式悬挂起重机	$Gn=$ (t) $S=$ (m)	
5	梁式起重机	$Gn=$ (t) $S=$ (m)	1. 上图表示立面（或剖切面），下图表示平面 2. 起重机的图例宜按比例绘制 3. 有无操纵室，应按实际情况绘制 4. 需要时，可注明起重机名称、行驶的轴线范围及工作级别 5. 本图例的符号说明： Gn——起重机起重量，以"t"计算 S——起重机的跨度或臂长，以"m"计算
6	桥式起重机	$Gn=$ (t) $S=$ (m)	
7	壁行起重机	$Gn=$ (t) $S=$ (m)	
8	旋臂起重机	$Gn=$ (t) $S=$ (m)	

（续）

序号	名称	图例	说明
9	电梯		1. 电梯应注明类型，并绘出门和平衡锤的实际位置 2. 观景电梯等特殊类型电梯应参照本图例按实际情况绘制
10	自动扶梯	上 上 下	1. 自动扶梯和自动人行道、自动人行坡道可正逆向运行，箭头方向为设计运行方向 2. 自动人行坡道应在箭头线段尾部加注上或下
11	自动人行道及自动人行坡道	上	

（10）建筑图图线 建筑专业、室内设计专业制图采用的各种图线要求见表 3-11。

表 3-11 建筑图线（摘自《建筑制图标准》（GB/T 50104—2010））

名称		线型	线宽	用 途
实线	粗		b	1. 平、剖面图中被剖切的主要建筑构造（包括构配件）的轮廓线 2. 建筑立面图或室内立面图的外轮廓线 3. 建筑构造详图中被剖切的主要部分的轮廓线 4. 建筑构配件详图中的外轮廓线 5. 平、立、剖面的剖切符号
	中粗		$0.7b$	1. 平、剖面图中被剖切的次要建筑构造（包括构配件）的轮廓线 2. 建筑平、立、剖面图中建筑构配件的轮廓线 3. 建筑构造详图及建筑构配件详图中的一般轮廓线
	中		$0.5b$	小于 $0.7b$ 的图形线、尺寸线、尺寸界限、索引符号、标高符号、详图材料做法引出线、粉刷线、保温层线、地面、墙面的高差分界线等
	细		$0.25b$	图例填充线、家具线、纹样线等

（续）

名称		线型	线宽	用　途
虚线	中粗	- - - - - - -	0.7b	1. 建筑构造详图及建筑构配件不可见的轮廓线 2. 平面图中的梁式起重机(吊车)轮廓线 3. 拟建、扩建建筑物轮廓线
	中	- - - - - - -	0.5b	投影线、小于0.5b的不可见轮廓线
	细	- - - - - - -	0.25b	图例填充线、家具线等
单点 划线	粗	— · — · —	b	起重机(吊车)轨道线
单点 长划线	细	— · — · —	0.5b	中心线、对称线、定位轴线
折断线	细	～～	0.25b	部分省略表示时的断开界线
波浪线	细	∿∿∿	0.25b	部分省略表示时的断开界线,曲线形构造间断开界限,构造层次的断开界限

注：地平线宽可用1.4b。

（二）建筑平面图识读

1. 底楼平面图识读

1）了解图名、图号、比例及文字说明内容。

2）了解建筑的结构类型。

3）了解建筑朝向及平面布局，核实建筑物整体长宽，各房间的开间和进深，注意定位轴线与墙、柱的关系。

4）注意楼梯的形状、走向和级数。

5）核实图中门窗与门窗表中的门窗的尺寸、数量，并注意所选的标准图案。

6）熟悉图中各组成部分标高情况，了解排水路径。

7）了解平面图的细部：花台、散水、水池、镜子、黑板、讲台、卫生间设备的具体位置及各自尺寸等。

8）了解图中的代号、编号、符号及图例等。

2. 其他楼层平面图识读

其他楼层平面图的识读重点应与一层平面图对照异同，如在结构形式、平面布局、楼层标高、墙体厚度、框架柱断面尺寸等方面是否有变化。

3. 屋顶平面图识读

屋顶平面图主要反映屋面上天窗、水箱、铁爬梯、通风道、女儿墙、变形缝等的位置以及采用标准图集的代号、屋面排水分区、排水方向、坡度、雨水口的位置、尺寸等内容。

（三）建筑平面图抄画

建筑平面图画法如下：

1）读懂原图。

2）确定绘制建筑平面图的比例和图幅。因教材选用原图缩小印刷，所以直接选用原图比例，计算确定原图纸大小，按原图幅选用图纸。

3）准备绘图工具。按要求削好三支铅笔（2H、2B、HB 各一支），手洗净，清洁图板将丁字尺、三角板准备好，图纸裁好，正确贴上图板。

4）画底图。画底图是为了确定图样在图纸上的具体位置和形状，为便于修改时减少擦图痕迹，应选用较硬的铅笔，常用 2H。

① 画图幅线、图框线及标题栏的外边线。

② 布置图面，画定位轴线。

③ 画墙身线及柱的轮廓线。

④ 确定墙体上的门窗洞口、设备预留洞的位置。

⑤ 画楼梯、台阶、散水、雨棚的细部。

5）检查底稿，无误后，用 HB 铅笔书写字符和标注（轴线、尺寸、门窗编号、剖切符号、索引符号等）。

6）检查标注，无误后按建筑平面图图线要求用 2B 铅笔进行加深粗实线。

7）用 HB 铅笔填写标题栏。

8）清洁图面，擦去不必要的作图线和作图痕迹。

小提示

绘图中应养成的正确习惯：

1）相同方向、相同线型尽可能一次画完，以免三角板、丁字尺来回移动。

2）同一方向的尺寸一次量出，相等的尺寸尽可能一次量出。

3）铅笔加深或描图上墨顺序：先画上部，后画下部。

4）先画左边，后画右边。

5）先画水平线，后画垂直线或倾斜线。

6）先画曲线，后画直线。

7）正确使用工具。

四、任务实施

结合情境三任务三的任务工单，按照表 3-12 的实施流程完成本任务。

五、课后练习

1. 识记建筑平面各种图例和符号及其含义。

2. 简述平面图读图方法和步骤。

3. 说明如何让图纸在正确的基础上更美观大方。

4. 抄绘指定平面图。

表 3-12　情境三任务三实施流程

过程			工作内容	学生活动	教师活动
1. 教育			"1＋5"教育内容	思考、讨论	教师讲解
2. 教学	2.1 识图	2.1.1 咨询	学生获得信息:要做什么?为完成该任务进行信息和材料准备	明确任务 阅读任务、图纸;查阅教材等资料 听讲、记笔记	下发任务书 给定时间等框架,按条件分组 串讲基本知识
		2.1.2 分组识图	以组为单位识读平面图	识读、讨论、问询、求助、整理读图成果	启发、引导、提供帮助
		2.1.3 读图成果展示	分组提问	提问、回答	点评、释疑、记录过程表现
	2.2 抄画图	2.2.1 咨询	学生获得信息:要做什么?为完成该任务进行信息和材料准备	明确任务 阅读任务、图纸;查阅教材等资料	下发任务书 给定时间等框架,按条件分组
		2.2.2 计划与决策	确定绘图方法与步骤	分组讨论,制定并修改完善制图方案	指导、启发、提供帮助 必要时 CAD 演示绘图
		2.2.3 实施抄绘(时间原因,课内只能完成一部分)	抄绘指定图纸	独立抄绘指定平面图	指导、提供帮助
		2.2.4 画图成果展示	评价图纸,选出优秀、示范作品	组内评图 学习优秀、示范作品	评价图纸并记录;选出并展示优秀、示范作品
	2.3 评价	任务综合评价	对成果展开学生自评、互评和教师评价。师生一起总结工作,肯定成绩,指明问题	自评和互评	记录、整理评价结果

任务四　建筑立面图识读

一、任务描述

本任务我们将识读某教学楼建筑施工图中的立面图,并抄画指定方向立面图(见图3-29),在此过程中学习建筑立面的相关知识,掌握立面图的识读方法和步骤。

本任务分成两个子任务完成:某教学楼建筑立面图识读和指定立面图抄画。抄画的目的是促使学生更深入地读图,同时抄画作业能更准确地反映学生的读图成果,便于老师有针对性地查漏补缺。

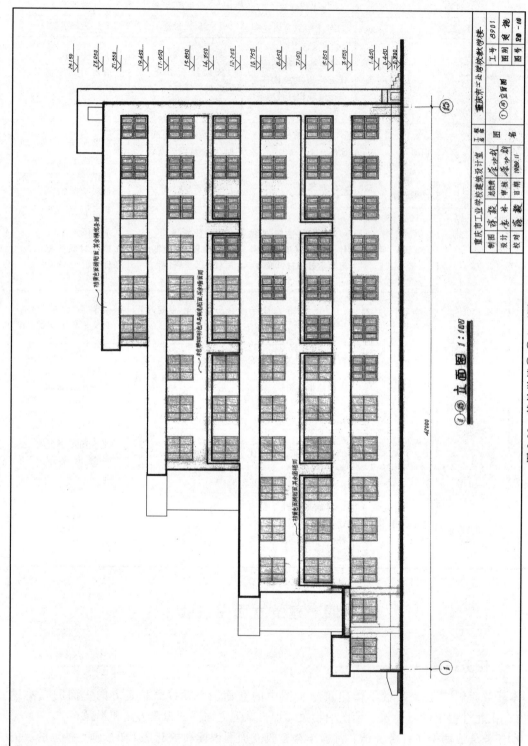

图 3-29　某教学楼①-⑮立面图
（其他立面图见教材配套图集）

二、任务目标

1. 了解建筑立面图的形成和作用。

2. 了解建筑立面图的表达内容和表达方式。

3. 理解建筑立面图相关专业术语。

4. 掌握建筑立面图的识读方法和步骤。

三、相关知识

（一）基本概念

1. 建筑立面图的形成及命名

在与房屋立面平行的投影面上所作的房屋外表面的正投影图，叫建筑立面图，简称立面图，如图 3-30 所示。其命名方法有三种：

1）按朝向来命名，如南立面图、北立面图、东立面图、西立面图。

2）按定位轴线的首尾编号来命名，如①～④立面图、⑧～①立面图。

3）确定正立面法。反映建筑物主要出入口或比较显著地反映出房屋外貌特征的立面图称为正立面图，其余的立面图相应地称为背立面图、左侧立面图、右侧立面图。

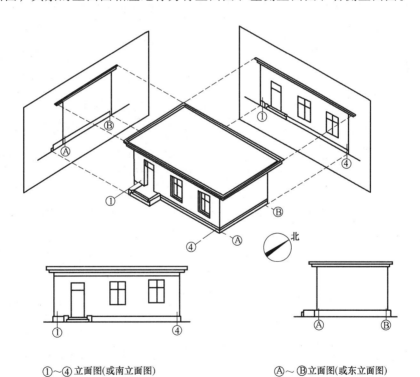

①～④ 立面图(或南立面图)　　　　　　Ⓐ～Ⓑ 立面图(或东立面图)

图 3-30　建筑立面图的产生

一般不同立面都要绘制立面图。当房屋为左右对称时，正立面图和背立面图也可各画一半，单独布置或合并成一图，合并成一图时，应在图的中间用对称线作为分界线。当两个方向的立面图完全一样时，可只画一个立面图，图名可合并书写，如"东、西立面"。

2. 建筑立面图的作用

建筑立面图主要反映建筑物的体型、外貌和立面装修的做法，包括门窗的形式和位置、墙面的材料和装修做法等，是施工的重要依据。

3. 建筑立面图的内容

1）表现建筑物外形上可以看到的全部内容，如散水、台阶、雨水管、遮阳措施、花池、勒脚、门头、门窗、雨罩、阳台、檐口。屋顶上面可以看到烟囱、水箱间、通风道。此外，还可以看到外楼梯等可看到的其他内容和位置。

2）立面图应用标高表示出建筑物的总高度（屋檐或屋顶）、各楼层高度、室内外地坪标高以及烟囱高度等。

3）表明外墙各部位建筑材料及装修做法。

4）其他，如墙身详图索引标志。

4. 建筑立面图的表示方法

1）比例。建筑立面图常用 1:50，1:100，1:200 等比例绘制，一般应跟建筑平面图比例一致。实际工程中 1:100 使用最多。

2）图线（见表 3-13）。

表 3-13　工程建设制图图线（摘自《房屋建筑制图统一标准》（GB/T 50001—2010））

名称		线型	线宽	一般用途
实线	粗		b	主要可见轮廓线
	中粗		$0.7b$	可见轮廓线
	中		$0.5b$	可见轮廓线、尺寸线、变更云线
	细		$0.25b$	图例填充线、家具线
虚线	粗		b	见各有关专业制图标准
	中粗		$0.7b$	不可见轮廓线
	中		$0.5b$	不可见轮廓线、图例线
	细		$0.25b$	图例填充线、家具线
单点长画线	粗		b	见各有关专业制图标准
	中		$0.5b$	见各有关专业制图标准
	细		$0.25b$	中心线、对称线、轴线等
双点长画线	粗		b	见各有关专业制图标准
	中		$0.5b$	见各有关专业制图标准
	细		$0.25b$	假想轮廓线、成型前原始轮廓线
折断线	细		$0.25b$	断开界线
波浪线	细		$0.25b$	断开界线

① 立面图中地坪线用加粗线（宽度 1.4b）表示。

② 房屋的外轮廓线用粗实线（宽度 b）表示。

③ 门窗洞口、突出墙面的柱、雨篷、窗台、阳台、遮阳板的轮廓线用中实线（宽度 0.7b）表示。

④ 门窗扇分格、勒脚、雨水管、栏杆、墙面分隔线，及有关说明的引出线、尺寸线、尺寸界线和标高均用细实线（宽度 0.5b）表示。

3）定位轴线。只需标注两端的定位轴线及尺寸，中间定位轴线及尺寸不注。

4）立面图上外墙面的装修材料及做法一般用文字加以说明，细实线引出；装饰各区域分格用细实线绘制。

5）尺寸标注。表明外形高度方向的三道尺寸线，即总高度、分层高度、门窗上下皮、勒脚、檐口等具体高度。因立面图重点是反映高度方面的变化，虽然标注了三道尺寸，若想知道某一位置的具体高程，还得推算，为简便起见，从室外地坪到屋顶最高部位，都注标高。它们的单位是米，小数点后面的位数一般取两位。

长度方向由于平面图已标注过详细尺寸，这里不再重复标注，但长度方向首尾两端的轴线要用符号标明，并要注明该二轴线间的总尺寸。

6）详图索引符号的要求同平面图。

（二）建筑立面图识读

识读立面图应注意掌握以下信息：

1）图名。对照平面图确定此立面图表达建筑物的哪一个立面。

2）比例。比例一般与平面图相同，便于对照阅读，这样才能建立立体感，加深对平面图、立面图的理解。

3）了解建筑物的外观形状。

4）在立面图中查阅建筑物各部位的标高及相应尺寸。

5）查阅外墙面各细部的装修做法，如墙面、窗台、窗沿、阳台、雨篷、勒脚等。当图中未专门注明时，应结合设计总说明、装修一览表查找。

6）其他。结合相关资料，查阅外墙面、门窗、玻璃等对施工的质量要求。

（三）建筑立面图抄画

建筑平面图抄画方法如下：

1）读懂原图。

2）确定绘制建筑平面图的比例和图幅。因教材选用原图缩小印刷，所以直接选用原图比例，计算确定原图纸大小，按原图幅选用图纸。

3）准备绘图工具。按要求削好三支铅笔（2H、2B、HB 各一支），手洗净，清洁图板，将丁字尺、三角板准备好，图纸裁好，正确贴上图板。

4）画底图。画底图是为了确定图样在图纸上的具体位置和形状，为便于修改时减少擦图痕迹，应选用较硬的铅笔，常用 2H。

① 画图幅线、图框线及标题栏的外边线。

② 布置图面，画定位轴线和墙身分格线，注意使图形居中。

③ 画室外地坪线、外墙轮廓线和屋顶或檐口线。

④ 确定门窗洞口、柱的位置。

⑤ 画门窗分格、阳台的栏杆、栏板及窗台、窗檐、屋檐、雨篷等细部。

5）检查底稿，无误后按建筑立面图图线要求加深图线。

6）校核无误后用 HB 铅笔标注标高、尺寸，注明各部位装修做法，注写必要的文字说明。

7）清洁图面，用 HB 铅笔填写标题栏。

小提示

建筑立面图没表示出所有的轴线，但在画图过程中是画出了相关的轴线的，这些轴线作为图形左右定位的依据；图形上下定位一般是以楼层标高或者门窗洞口上下沿作参考，这样整个图形在图纸上才能精确定位。但有些轴线或线条按立面图绘图标准不应该被表示出来，所以绘制这些线条时应当用很细很淡的铅笔，只要绘图者本人能辨识即可；若图线画得太粗太重，后边必须擦除，反而误时，还影响绘图质量。所以绘图前应该对整个抄画工作进行通盘筹划。

四、任务实施

结合情境三任务四的任务工单，按照表3-14的实施流程完成本任务。

表3-14　情境三任务四实施流程

过程			工作内容	学生活动	教师活动
1. 教育			"1+5"教育内容	思考、讨论	教师讲解
2. 教学	2.1 识图	2.1.1 咨询	学生获得信息:要做什么? 为完成该任务进行信息和材料准备	明确任务 阅读任务、图纸;查阅教材等资料 听讲、记笔记	下发任务书 给定时间等框架, 按条件分组 串讲基本知识
		2.1.2 分组识图	以组为单位识读立面图	识读、讨论、问询、求助,整理读图成果	启发、引导、提供帮助
		2.1.3 读图成果展示	分组提问	提问、回答	点评、释疑、记录过程表现
	2.2 抄画图	2.2.1 咨询	学生获得信息:要做什么? 为完成该任务进行信息和材料准备	明确任务 阅读任务、图纸;查阅教材等资料	下发任务书 给定时间等框架, 按条件分组
		2.2.2 计划与决策	确定绘图方法与步骤	分组讨论,制定并修改完善制图方案	指导、启发、提供帮助 必要时 CAD 演示绘图
		2.2.3 实施绘图	抄绘指定图纸	独立抄绘指定立面图	指导、提供帮助
		2.2.4 画图成果展示	评价图纸,选出优秀、示范作品	组内评图 学习优秀示范作品	评价图纸并记录;选出并展示优秀示范作品

（续）

过程			工作内容	学生活动	教师活动
2. 教学	2.3	评价	任务综合评价	对成果展开学生自评、互评和教师评价。师生一起总结工作，肯定成绩，指明问题	自评和互评	记录、整理评价结果

五、课后练习

1. 识记建筑立面各种图例和符号及其含义。

2. 简述立面图的表达内容和要求。

3. 抄绘指定立面图（课内未完成部分）。

任务五　建筑剖面图识读

一、任务描述

本任务我们将识读某教学楼建筑施工图中的剖面图，并抄画指定剖图（见图 3-31），在此过程中学习建筑剖面图的相关知识，掌握建筑剖面图的识读方法和步骤。

本任务分成两个子任务完成：某教学楼建筑剖面图识读和指定剖面图抄画。

二、任务目标

1. 了解建筑剖面图的形成和作用。

2. 了解建筑剖面图的表达内容和表达方式。

3. 理解建筑剖面图相关专业术语。

4. 掌握建筑剖面图的识读方法和步骤。

三、相关知识

（一）基本概念

1. 建筑剖面图的形成及作用

假想用一个或一个以上的铅垂剖切平面剖切建筑物，移去一部分，对留下部分做正投影所得到的投影图，称为建筑剖面图，简称剖面图，如图 3-32 所示。

建筑剖面图用来表达建筑的结构形式、分层情况、竖向墙身及门窗，各层楼地面、屋顶的构造及相关尺寸和标高。

剖面图的剖切位置，应在平面图上选择能反映建筑物内部结构和构造比较复杂、有变化、有代表性的部位，一般应通过门窗洞口、楼梯间及主要出入口等位置。剖面图的剖切位置和剖视方向，可在平面图中找到。

根据建筑物的复杂程度，剖面图可以绘制一个或多个。建筑剖面图的名称应与建筑平面图上所标注的剖切符号的编号一致，如Ⅰ—Ⅰ剖面等。

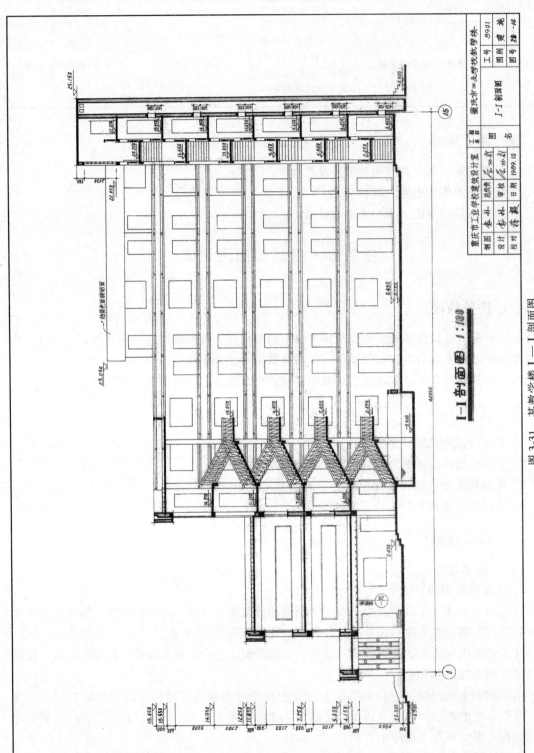

图 3-31　某教学楼 Ⅰ—Ⅰ 剖面图
（其他剖面图见教材配套图集）

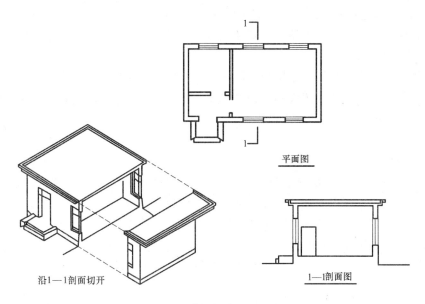

平面图

沿1—1剖面切开

1—1剖面图

图 3-32　建筑剖面图的形成

2. 建筑剖面图的内容及图示方法

1）比例。剖面图的比例选用应与平面图、立面图一致。

2）定位轴线。剖面图中的定位轴线一般只画出两端轴线及其编号，以便与平面图对照识读。

3）图线。室内外地坪用特粗实线（1.4b）表示。

被剖切到的墙身、楼面、屋面、梁、楼梯等轮廓线用粗实线（1b）表示。

没有剖切到的可见轮廓线，如门窗洞、楼梯栏杆和内外墙轮廓线用中粗实线（0.7b）表示。

门窗分格线、雨水管等用中实线（0.5b）表示；尺寸线与尺寸界线、引出线、标高符号等也用中实线（0.5b）画出。

图案填充用细实线（0.25b）画出。

4）图例。由于绘制剖面图的比例较小，很难将所有细部表达清楚，所以剖面图内的建筑构造与配件一般不画材料图例，被剖切到的钢筋混凝土梁、板可涂黑。

5）尺寸与标高。必须标注垂直尺寸和标高。

外墙高度尺寸分三道标注：最外面一道为室外地面以上建筑的总高尺寸；第二道为层高尺寸，同时注明室内外的高差尺寸；第三道为门窗洞及洞间墙以及其他细部尺寸。

水平方向定位轴线之间的尺寸也必须标出。

此外还需用标高符号标出室内外地坪、各层楼面、楼梯休息平台、屋面和女儿墙等处的标高。

6）其他标注。

3. 建筑剖面图识读

1）了解图名、比例。

2）结合各层平面图阅读，通过底层平面图找到剖切位置和投影方向，找出剖面图与各层平面图的相互对应关系，建立起房屋内部的空间概念。

3）结合建筑设计总说明或装修一览表阅读，查阅地面、楼面、墙面、顶棚及厨房、卫生间灯的内部装修做法。

4）查阅各部高度。特别注意阳台、厨房、卫生间与同层楼地面的关系。

5）结合屋顶平面图和建筑设计总说明或装修一览表阅读，了解屋面坡度、屋面防水、女儿墙防水、屋面保温、隔热等的做法。

6）了解相关索引内容。

4. 建筑剖面图的抄绘

其比例、图幅的选择与建筑平面图相同，剖面图的具体画法、步骤如下：

1）画定位轴线、室内外地坪、各层楼面线、楼板、屋顶、墙体等。

2）定门窗洞口位置、楼梯平台、女儿墙、檐口及其他可见轮廓线。

3）画各种梁的轮廓线及断面。

4）画楼梯、台阶及其他可见细部构件，并绘出楼梯的材质。

5）画出尺寸界线、标高数字和相关注释文字。

6）画出索引符号及尺寸标注。

7）检查，无误后擦去多余作图线，按施工图的要求加深图线。注写图名、比例，填写标题栏。

四、任务实施

结合情境三任务五的任务工单，按照表3-15的实施流程完成本任务。

表3-15 情境三任务五实施流程

过程			工作内容	学生活动	教师活动
1. 教育			"1+5"教育内容	思考、讨论	教师讲解
2. 教学	2.1 识图	2.1.1 咨询	学生获得信息：要做什么？为完成该任务进行信息和材料准备	明确任务 阅读任务、图纸；查阅教材等资料 听讲、记笔记	下发任务书 给定时间等框架，按条件分组 串讲基本知识
		2.1.2 分组识图	以组为单位识读剖面图	识读、讨论、问询、求助、整理读图成果	启发、引导、提供帮助
		2.1.3 读图成果展示	分组提问	提问、回答	点评、释疑、记录过程表现
	2.2 抄画图	2.2.1 咨询	学生获得信息：要做什么？为完成该任务进行信息和材料准备	明确任务 阅读任务、图纸；查阅教材等资料	下发任务书 给定时间等框架，按条件分组
		2.2.2 计划与决策	确定绘图方法与步骤	分组讨论，制定并修改完善制图方案	指导、启发、提供帮助 必要时CAD演示绘图

（续）

过程			工作内容	学生活动	教师活动
2. 教学	2.2　抄画图	2.2.3　实施绘图	抄绘指定图纸	独立抄绘指定剖面图	指导、提供帮助
		2.2.4　画图成果展示	评价图纸，选出优秀、示范作品	组内评图选出优秀、示范作品	评价图纸并记录；选出并展示示范作品
	2.3　评价		任务综合评价	对成果展开学生自评、互评和教师评价。师生一起总结工作，肯定成绩，指明问题	自评和互评	记录、整理评价结果

五、课后练习

1. 简述剖面图的表达内容和表达方法。

2. 识记建筑立面各种图例和符号及其含义。

3. 抄绘指定剖面图（课内未完成部分）。

任务六　建筑详图识读

一、任务描述

本任务我们将通过识读某教学楼建筑施工图中的墙身详图和楼梯详图来学习建筑详图的相关基础知识、表达方式、识读方法和步骤。本任务分为两个操作性学习任务：识读花槽和楼梯详图、抄画双跑楼梯详图。

二、任务目标

1. 了解详图的产生和详图索引。

2. 识读墙身详图。

3. 识读楼梯详图。

4. 掌握详图的识读方法和步骤。

三、相关知识

（一）详图概述

1. 建筑详图的产生

房屋的平、立、剖面图一般以 1∶100 的比例绘制，许多细部构造无法显示清楚，为此常将某些部位以较大比例绘制一些局部性的详（细）图，也称其为大样图。与建筑设计有关的详图称为建筑详图；与结构设计有关的详图称为结构详图。

建筑详图各个部位都有，若采用标准做法则不必画出，只需注明详图在标准图集上的位置，若为非标准做法则必须用图纸画出。常见的建筑详图有墙身详图、楼梯详图、门窗详图及厨房、浴室、卫生间详图等。

建筑详图的比例按需要选用 1:1、1:2、1:5、1:10、1:20、1:5、1:30、1:50。

详图与平、立、剖面图的关系用详图符号和索引符号来关联。

2. 索引符号和详图符号

（1）索引符号 索引符号是由直径为 8～10mm 的圆和水平直径组成的，圆及水平直径应以细实线绘制。索引符号的引出线指向被索引的部位。

索引符号分详图索引符号和剖切详图索引符号两种。

1）详图索引符号（见图3-33）。详图索引符号的编写规定如下：

① 索引出的详图，如与被索引的详图同在一张图纸内，应在索引符号的上半圆中用阿拉伯数字注明该详图的编号，并在下半圆中间画一段水平细实线。

② 索引出的详图，如与被索引的详图不在同一张图纸内，应在索引符号的上半圆中用阿拉伯数字注明该详图的编号，在索引符号的下半圆用阿拉伯数字注明该详图所在图纸的编号。数字较多时，可加文字标注。

③ 索引出的详图，如采用标准图，应在索引符号水平直径的延长线上加注该标准图册的编号。需要标注比例时，文字在索引符号右侧或延长线下方，与符号下对齐。

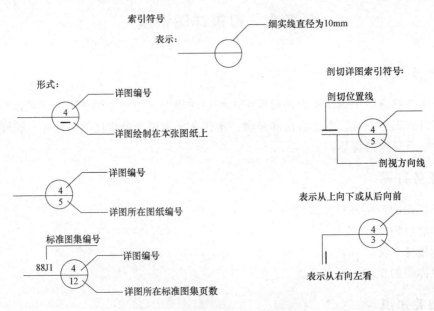

图 3-33 详图索引符号

2）剖切详图索引符号（见图3-33）。剖切详图索引符号的编写规定为：在被剖切的部位绘制剖切位置线，并以引出线引出索引符号，引出线所在的一侧应为剖视方向。索引符号的编写同上。

（2）详图符号 详图的位置和编号，应以详图符号表示。详图符号的圆应以直径为 14mm 粗实线绘制。

详图应按下列规定编号：

1）详图与被索引的图样同在一张图纸内时，应在详图符号内用阿拉伯数字注明详图的编号，如图 3-34a 所示。

2）详图与被索引的图样不在同一张图纸内时，应用细实线在详图符号内画一水平直径，在上半圆中注明详图编号，在下半圆中注明被索引的图纸的编号，如图 3-34b 所示。

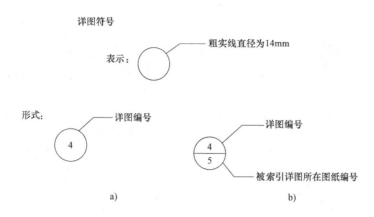

图 3-34 详图符号

a）与被引索引图样同在一张图纸内的详图符号 b）与被引索引图样不在一张图纸内的详图符号

（二）墙身详图

1. 概述

墙身详图实际上是建筑剖面图的局部放大图。

图示内容：主要表达地面、楼面、屋面和檐口等处的构造，楼板与墙体的连接形式以及门窗洞口、窗台、勒脚、防潮层、散水等细部做法。

2. 墙身详图识读

以某建筑施工图墙身为例说明墙身详图识读，如图 3-35 所示。

1）根据剖面图的编号，对照平面图上 3—3 剖切符号，可知该剖面图的剖切位置和投影方向。绘图所用的比例是 1:20。图中注上轴线的两个编号，表示这个详图适用于 Ⓐ、Ⓔ 两个轴线的墙身。也就是说，在横向轴线 ③ ~ ⑨ 的范围内，Ⓐ、Ⓔ 两轴线的任何地方（不局限在 3—3 剖面处），墙身各相应部分的构造情况都相同。

2）在详图中，对屋面楼层和地面的构造，采用多层构造说明方法来表示。

3）从檐口部分（图见 3-36），可知屋面的承重层是预制钢筋混凝土空心板，按 3% 来

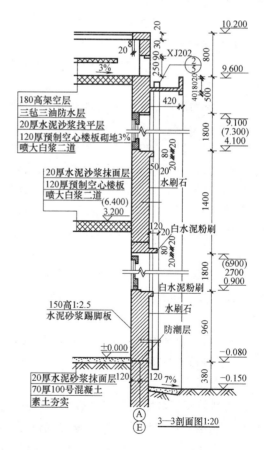

图 3-35 某工程墙身详图

砌坡，上面有油毡防水层和架空层，以加强屋面的隔热和防漏。檐口外侧做一天沟，并通过女儿墙所留孔洞（雨水口兼通风孔），使雨水沿雨水管集中流到地面。雨水管的位置和数量可从立面图或平面图中查阅。

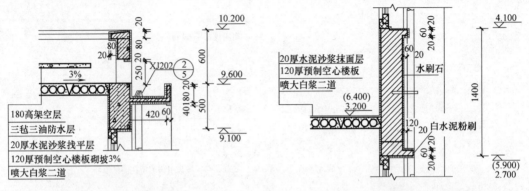

图 3-36　某工程檐口详图　　　　　图 3-37　某工程窗台、窗过梁详图

4）从楼板与墙身连接部分，可了解各层楼板（或梁）的搁置方向及与墙身的关系。在本例（见图 3-36 和图 3-37）中，预制钢筋混凝土空心板是平行纵向布置的，因而它们是搁置在两端的横墙上。

5）从图中还可看到窗台、窗过梁（或圈梁）的构造情况（见图 3-37 和图 3-38）。窗框和窗扇的形状和尺寸需另用详图表示。

6）从勒脚部分（见图 3-38），可知房屋外墙的防潮、防水和排水的做法。外（内）墙身的防潮层，一般是在底层室内地面下 60mm 左右（指一般刚性地面）处，以防地下水对墙身的侵蚀。在外墙面，离室外地面 300~500mm 高度范围内（或窗台以下），用坚硬防水的材料做成勒脚。在勒脚的外地面，用 1:2 的水泥砂浆抹面，做出 2% 坡度的散水，以防雨水或地面水对墙基础的侵蚀。

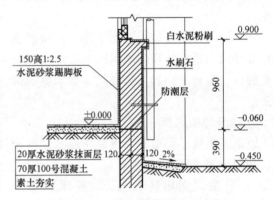

图 3-38　某工程勒脚部分墙身详图

7）在详图中，一般应注出各部位的标高、高度方向和墙身细部的尺寸。图中标高注写有两个数字时，有括号的数字表示在高一层的标高。

8）从图中有关文字说明，可知墙身内外表面装修的断面形式、厚度及所用的材料等。

（三）楼梯详图

1. 概述

楼梯是多层房屋上下交通的主要设施。楼梯由楼梯段（简称梯段，包括踏步或斜梁）、平台（包括平台板和梁）和栏板（或栏杆）等组成。

楼梯详图主要表示楼梯的类型、结构形式、各部位的尺寸及装修做法。楼梯详图包括楼梯平面图、剖面图及踏步、栏板详图等，应尽可能画在同一张图纸内。平、剖面图比例要一致，以便对照阅读。踏步、栏板详图比例要大些，以便表达清楚该部分的构造情况。

2. 楼梯详图识读

（1）楼梯平面图　一般每一层楼都要画一楼梯平面图。三层以上的房屋，若中间各层的楼梯位置及其梯段数、踏步数和大小都相同，通常只画出底层、中间层和顶层三个平面图，如图 3-39 所示。三个平面图画在同一张图纸内，并互相对齐，以便于阅读。楼梯平面图的剖切位置，是在该层往上走的第一梯段（休息平台下）的任一位置处。各层被剖切到的梯段，均在平面图中以一条 45°折断线表示。在每一梯段处画有一长箭头，并注写"上"或"下"字和步级数，表明从该层楼（地）面往上或往下走多少步级可达到上（或下）一层的楼（地）面。各层平面图中应标出该楼梯间的轴线。在底层平面图应标注楼梯剖面图的剖切符号。

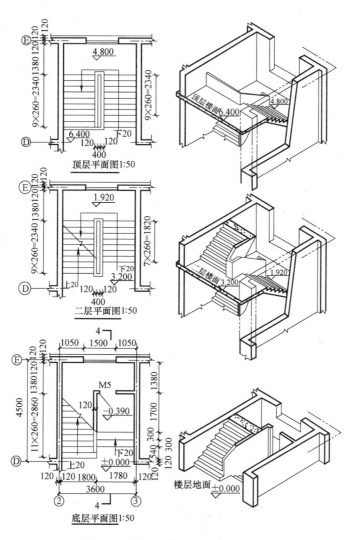

图 3-39　某工程楼梯平面图及其形成

1）楼梯底层平面图（见图 3-40）。图中有一个被剖切的梯段及栏板，并注有"上"字箭头。此图还画出了储藏室及三级步级，标出了楼梯间的轴线、开间和进深尺寸、楼地面标高。其中"11×260＝2860"尺寸表示该梯段有 11 个踏面，每个踏面宽 260mm，梯段长 2860mm。图中还注明楼梯剖面图的剖切符号"4—4"。

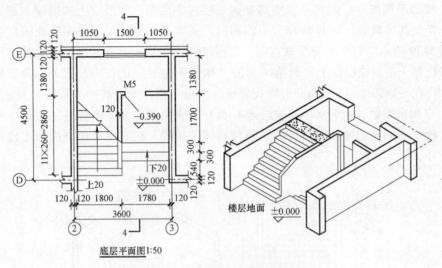

图 3-40   某工程底层楼梯平面图

2）楼梯二层（或中间层）平面图。图 3-41 中有两个被剖切的梯段及栏板，注有"上 20"字箭头的一端，表示从该梯段往上走 20 步级可到达第三层楼面。另一梯段注有"下 20"，表示往下走 20 步级可到达底层地面。图中标出楼面及休息平台标高、楼梯踏面及步级尺寸、栏板尺寸等。

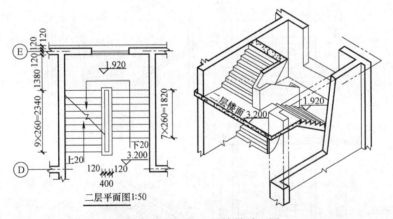

图 3-41   某工程二层楼梯平面图

3）楼梯顶层平面图。由于剖切平面在安全栏板上方，在图 3-42 中画有两段完整的梯段和楼梯平台，在梯口处只有一个注写"下"字的长箭头。图上所画的每一分格表示梯段的一级踏面。因梯段最高一级踏面与平台面或楼面重合，因此图中画出的踏面数比步级数少一格。往下走的第一梯段共有 10 级，但在图中只画 9 格，梯段长度为 9×260＝2340。

（2）楼梯剖面图   假想用一铅垂面（4—4），通过各层的一个梯段和门窗洞，将楼梯剖开，向另一未剖到的梯段方向投影，所作的剖面图，即为楼梯剖面图，如图 3-43 所示。

本例楼梯，每层只有两个梯段，称为双跑式楼梯。从图中可知，这是一个现浇钢筋

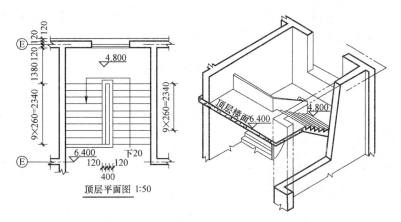

图 3-42　某工程顶层楼梯平面图

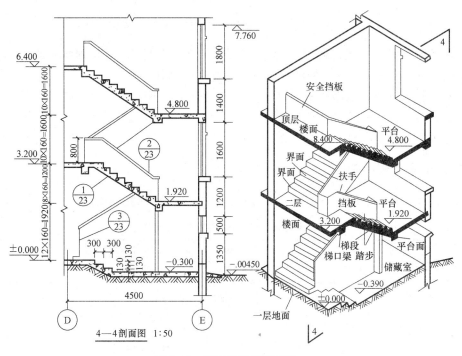

图 3-43　某工程楼梯剖面图

混凝土板式楼梯。被剖梯段的步级数可直接看出，未剖梯段的步级，因被遮挡而看不见，但可在其高度尺寸上标出该段步级的数目。如第一梯段的尺寸 $12 \times 160 = 1920$，表示该梯段为 12 级。习惯上，若楼梯间的屋面没有特殊之处，一般可不画出。在多层房屋中，若中间各层的楼梯构造相同时，则剖面图可只画出底层、中间层和顶层剖面，中间用折断线分开。

剖面图中应注明地面、平台面、楼面等的标高和梯段、栏板的高度尺寸。梯段高度尺寸注法与平面图中梯段长度尺寸注法相同，在高度尺寸中注的是步级数，而不是踏面数（两者相差为 1）。栏杆高度尺寸是从踏面中间算至扶手顶面，一般为 900mm，扶手坡度应与梯段坡度一致。

（3）踏步、栏杆（栏板）及扶手详图（见图3-44） 踏步、栏杆（板）及扶手详图比楼梯平面图、剖面图的比例要取得更大些，以便清楚表达该部分的构造情况。

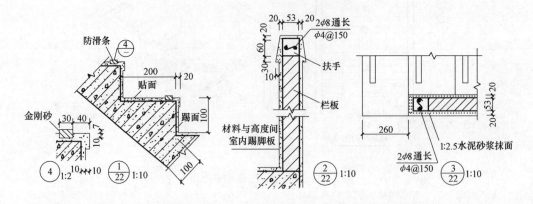

图 3-44　某工程楼梯踏步、栏板及扶手详图

踏步详图需要表明踏步宽、踏步高、梯板厚及面层厚度等尺寸。踏面上设置专门防滑条时需更大比例注明相应尺寸。楼梯间踏步无特别说明，则做法同地面。

栏板（杆）详图应清晰注明栏板（杆）、扶手材料、尺寸及连接方式。

其他如门、窗及厨卫的固定设施等，其形状、尺寸、材料及做法均已标准化，一般只需按图册选用并在图中注明，不需要画详图。

四、任务实施

结合情境三任务六的任务工单，按照表3-16的实施流程完成本任务。

表 3-16　情境三任务六实施流程

过程			工作内容	学生活动	教师活动
1. 教育			"1+5"教育内容	思考、讨论	教师讲解
2. 教学	2.1 识图	2.1.1 咨询	学生获得信息：要做什么？为完成该任务进行信息和材料准备	明确任务 阅读任务、图纸；查阅教材等资料 听讲、记笔记	下发任务书 给定时间等框架，按条件分组 串讲基本知识
		2.1.2 分组识图	以组为单位识读建筑详图	识读、讨论、问询、求助、整理读图成果	启发、引导、提供帮助
		2.1.3 读图成果展示	分组提问	提问、回答	点评、释疑、记录过程表现
	2.2 抄画图	2.2.1 咨询	学生获得信息：要做什么？为完成该任务进行信息和材料准备	明确任务 阅读任务、图纸；查阅教材等资料	下发任务书 给定时间等框架，按条件分组
		2.2.2 计划与决策	确定绘图方法与步骤	分组讨论，制定并修改完善制图方案	指导、启发、提供帮助 必要时CAD演示绘图

（续）

过程			工作内容	学生活动	教师活动
2. 教学	2.2 抄画图	2.2.3 实施绘图	抄绘指定图纸	独立抄绘指定剖面图	指导、提供帮助
		2.2.4 画图成果展示	评价图纸,选出优秀示范作品	组内评图选出优秀示范作品	评价图纸,记录;选出并展示示范作品
	2.3 评价	任务综合评价	对成果展开学生自评、互评和教师评价。师生一起总结工作,肯定成绩,指明问题	自评和互评	记录、整理评价结果

五、课后练习

1. 简述详图的作用和内容。

2. 简述墙身详图主要有哪些节点,各需表达什么内容。

3. 简述楼梯详图有哪几种,各需表达什么内容。

情 境 小 结

本情境识读了某教学楼建筑施工图,主要包括:

1）建筑施工图的内容及作用。

2）建施图首页常包含目录、设计说明书、装修表及门窗统计表;设计说明书一般由设计依据、工程概况、工程做法等构成。

3）建筑总平面图表达的内容、相关图例及识读步骤。

4）建筑平面图表达的内容、相关图例及识读步骤。

5）建筑立面图表达的内容、相关图例及识读步骤。

6）建筑剖面图表达的内容、相关图例及识读步骤。

7）建筑详图的种类、表达的内容、相关图例及识读步骤。

情 境 自 测

一、选择题

1. 建筑平面图中的中心线、对称线一般应用（　　　）。

A. 细实线　　　B. 细虚线　　　C. 细单点长画线　　　D. 细双点画线

2. 下列（　　　）所述的圆圈的直径或线型有误。

A. 定位轴线的编号圆圈为直径 8 的细线圆圈

B. 钢筋的编号圆圈为直径 6 的细线圆圈

C. 索引符号的编号圆圈为直径 10 的细线圆圈

D. 详图符号的编号圆圈为直径 14 的细线圆圈

3. 主要用来确定新建房屋的位置、朝向以及周边环境关系的是（　　　）。

A. 建筑平面图　　　　　　B. 建筑立面图

C. 总平面图　　　　　　　D. 功能分区图

4. 在建筑平面图中,在 A 号轴线之后附加的第二根轴线,表示正确的是 (　　)。

A. A/2　　　　　B. B/2　　　　　C. 2/A　　　　　D. 2/B

5. 建筑施工图上一般注明的标高是 (　　)。

A. 绝对标高　　　　　　　　　B. 相对标高

C. 绝对标高和相对标高　　　　　D. 要看图纸上的说明

6. 有一栋房屋在图上量得长度为 50cm,用的是 1:100 比例,其实际长度是 (　　)。

A. 5m　　　　　B. 50m　　　　　C. 500m　　　　　D. 5000m

7. 建筑总平面图长度和标高单位为 (　　)。

A. mm　　　　　B. cm　　　　　C. m　　　　　D. km

8. 施工平面图中标注的尺寸只有数量没有单位,按国家标准规定单位应该是 (　　)。

A. mm　　　　　B. cm　　　　　C. m　　　　　D. km

9. 建筑施工图包括几种平面图,不属于其范围的是 (　　)。

A. 底层平面图　　　　　　　　B. 基础平面图

C. 楼层平面图　　　　　　　　D. 屋顶平面图

10. 平面图上窗用 (　　) 表示,门用 (　　) 表示。

A. M　　　　　B. MEN　　　　　C. CHUANG　　　　　D. C

11. 剖切符号应标注在哪个平面图上?(　　)。

A. 总平面图　　　　　　　　　B. 首层平面图

C. 标准层平面图　　　　　　　D. 屋顶平面图

12. 描述建筑剖面图,下列说法正确的是 (　　)。

A. 是房屋的水平投影　　　　　B. 是房屋的水平剖面图

C. 是房屋的垂直剖面图　　　　D. 是房屋的垂直投影图

13. 建筑平面图的外部尺寸俗称外三道,其中最里面一道尺寸标注的是 (　　)。

A. 房屋的开间、进深

B. 房屋内墙的厚度和内部门窗洞口尺寸

C. 房屋水平方向的总长、总宽

D. 房屋外墙的墙段及门窗洞口尺寸

14. 明确建筑材料的构件,在比例较大时,其剖面图中被剖切到的断面内应 (　　)。

A. 加材料图例　　B. 涂黑　　　　C. 涂灰　　　　　D. 加阴影

15. 下列叙述不正确的是 (　　)。

A. 楼梯平面图中 45° 折断线可绘制在任一梯段上

B. 门带窗的代号为 MC

C. 房间的开间为横向轴线的尺寸

D. 结构施工图的定位轴线必须与建筑施工图的一致

16. 下列叙述中不正确的是 (　　)。

A. 3% 表示长度为 100、高度为 3 的坡度倾斜度

B. 指北针一般画在总平面图和底层平面图上

C. 总平面图中的尺寸单位为毫米，标高尺寸单位为米

D. 总平面图的所有尺寸单位均为米，标注至小数点后两位

17. 在建筑专业制图中，下列图线的用法错误的是（　　　）。

A. 剖面图中被剖切的主要建筑构造的轮廓线用粗实线。

B. 建筑立面的外轮廓线用粗实线。

C. 构造详图中被剖切到的主要内容部分的轮廓线用粗实线。

D. 尺寸线、尺寸界线、图例线、索引符号等用细实线。

18. 墙用砖砌筑、梁、楼板和屋面都是钢筋混凝土构件，这种结构称为（　　　）。

A. 钢筋混凝土结构　　　　　　　　B. 混合结构

C. 砖木结构　　　　　　　　　　　D. 以上都不正确

19. 定位轴线的位置是指（　　　）。

A. 墙的中心线　　　　　　　　　　B. 墙的对称中心线

C. 不一定在墙的中心线上　　　　　D. 墙的偏心线

20. 楼梯的踏步数与踏面数的关系是（　　　）。

A. 踏步数 = 踏面数　　　　　　　　B. 踏步数 − 1 = 踏面数

C. 踏步数 + 1 = 踏面数　　　　　　D. 踏步数 + 2 = 踏面数

二、判断题

（　　　）1. 总平面图是画在有等交线或坐标方格网的地形图上。

（　　　）2. 平面图定位轴线的竖向编号应用大写拉丁字母，从下至上顺序编写，其中的I、Q、J不得作为轴线编号。

（　　　）3. 建筑物外部装修材料常注明于剖面图。

（　　　）4. 绝对标高的基准面是以我国青岛市外的黄海平均海平面为标高零点。

（　　　）5. 建筑平面图是假想用一水平的剖切平面沿看房屋门窗口以下的位置将房屋剖开，拿掉上部分，对剖切以下部分所做出的水平投影图。

（　　　）6. 建筑立面图是平行于建筑物各方向外表立面的正投影图。

（　　　）7. 尺寸标注中完整的尺寸应包括：尺寸界线、尺寸线、尺寸、起止符号。

（　　　）8. 在建筑总平面图中，. 可以在房屋投影轮廓的右上角用黑圆点的个数或数字表示建筑物的层数。

（　　　）9. 定位轴线就是墙体的中心线。

（　　　）10. 计算房间的使用面积是指净尺寸。

（　　　）11. 施工图中标注的结构标高是构件不包括粉刷层的毛面标高。

（　　　）12. 建筑剖面图一般应标注出建筑物被剖切到外墙的三道尺寸，即房屋的总高、层高、细部高度。

（　　　）13. 建筑平面图实际上是一水平的全剖面图。

（　　　）14. 建筑平面图中，横向定位轴线之间的尺寸称为开间尺寸，竖向定位轴线之间的尺寸称为进深尺寸。

（　　　）15. 房屋建筑施工图的特点之一是多用各种图例符号来表示组成房屋的各种构、

配件和建筑材料。

三、读图填空

（一）平面图（见图 3-45）

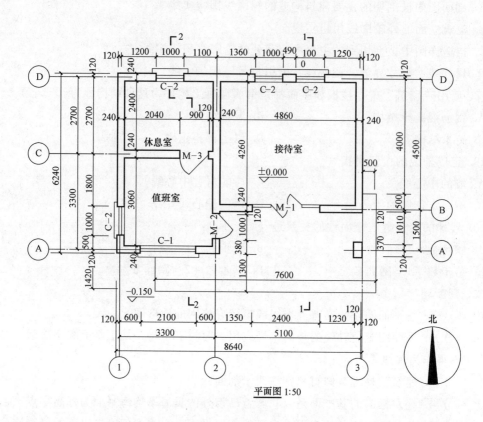

平面图 1:50

图 3-45 某门卫室平面图

1. 建筑物主出入口朝向为_____。

2. 建筑物外墙厚_____ mm，轴线____居中（填是/否）。

3. 列举该层窗的编号及其宽度：_____；
列举该层门的编号及其宽度：_____。

4. 从剖切符号可知，剖切平面 1—1 通过_____，投射方向
是向_____。

5. 该工程图中横向轴线编号自左到右是_____轴到_____轴；纵向轴线编号自下而上
是____轴到_____轴。

6. 该工程东西向总长_____m，南北向总长____m。接待室开间____m，进深____m。

7. 接待室标高为_____，值班室标高为_____，休息室标高为_____
_____，室外标高为_____。

8. 该工程有____个剖面图，_____采用____剖切方式，向____方向投影；_____
采用____剖切方式，向____方向投影。

（二）立面图（见图3-46）

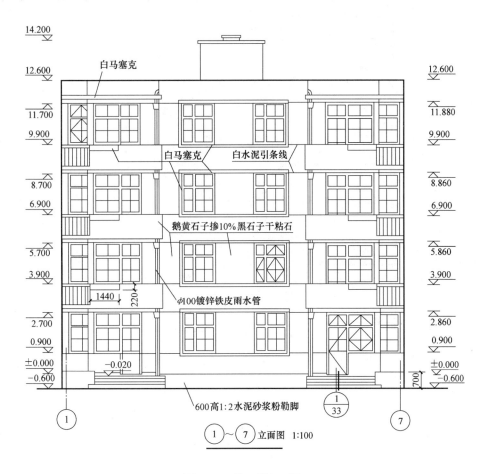

图 3-46　某工程立面图

1. 立面图中绘制室外地坪线用_____线，绘制外轮廓用_____线，绘制门窗洞口用_____线，绘制尺寸线用_____线。

2. 该建筑总高_____，窗洞高_____。

3. 遮阳贴面材料为_____，外墙和阳台表面装修采用_____，勒脚采用_____做成。

4. 图上有一处详图索引，其符号为_____，其对应的详图在_____，编号为_____。

（三）剖面图（见图3-47）

1. 建筑剖面图是房屋的_____图，剖切位置应选在_____的地方，并经过_____剖切。

2. 本建筑总高是_____，层高是_____，房间窗洞高_____，楼梯间窗洞高_____，单元大门门洞高为_____。

3. 屋顶找坡采用了_____找坡方式。

4. 图中有_____个索引符号，对应的详图在_____。

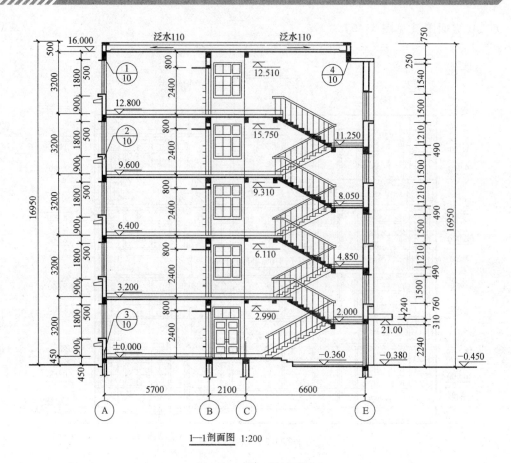

1—1剖面图 1:200

图 3-47 某工程剖面图

参 考 文 献

［1］ 朱培勤. 机械制图及计算机绘图项目化教程［M］. 上海：上海交通大学出版社，2010.

［2］ 王显谊. 建筑制图与识图［M］. 重庆：重庆大学出版社，2008.

［3］ 陈金伟. 机械制图［M］. 重庆：重庆大学出版社，2013.

［4］ 汤建新. 建筑识图与 AutoCAD 绘图［M］. 北京：机械工业出版社，2012.

［5］ 何铭新，郎宝敏，陈星铭. 建筑工程制图［M］. 3 版. 北京：高等教育出版社，2010.

［6］ 毛家华，莫章金. 建筑工程制图与识图［M］. 北京：高等教育出版社，2007.

［7］ 褚振文. 建筑识图入门［M］. 3 版. 北京：化学工业出版社，2013.

［8］ 郭燕沫. 建筑工程施工图快速识读与实例精选［M］. 上海：上海科学技术出版社，2008.

建筑施工图识读

任务工单

姓名 _____

班级 _____

学校 _____

机械工业出版社

目　录

情境一　制图标准初步认识与制图工具的使用

任务一　标准 A4 图纸的制作

任务名称	标准 A4 图纸的制作		课时	4	日期	
班级		小组		地点		
学习目标	情感	学习读书和求助,体验团队合作,学习表达。				
	技能	掌握图板、丁字尺、三角板、铅笔、橡皮擦等工具的使用方法,完成 A4 图纸的制作。				
	知识	1. 熟悉技术制图的基本规定(图纸幅面、标题栏、会签栏、图线相关规范)。 2. 认识图板、丁字尺、三角板、铅笔、橡皮擦等作图工具,学习其使用方法。				

一、学习任务

自制标准 A4 图纸,如图 1 所示。

图1

二、引导问题

(一)图纸幅面

1)_____叫图纸幅面;任务中的图纸为_____式(横或立)。

2)A4 图幅的具体要求为:$b \times l =$ _____,$c =$ _____,$a =$ _____。

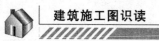

3）A3 与 A4 标准纸面积的关系是_____ A0 标准纸可裁成_____张 A4 标准纸。

4）图框用_____线绘制。

（二）会签栏

1）会签的目的是什么？_____。

2）建筑图上会签栏的规格是什么？_____。

（三）标题栏

1）标题栏的内容有_____。

2）标题栏的格式和线型为_____。

3）标题栏尺寸规定为_____。

（四）关于图线

1）建筑有____种图线，实线有____种线宽？比例为_____。

2）图 1 中有____种图线，有____种线宽。

（五）尺规作图工具

1）如何鉴别图板工作面和工作边？_____。

2）丁字尺起何作用？操作时的注意事项有哪些？_____。

3）三角板的作用是什么？如何绘制与水平面成 15°角的直线？_____。

4）H、HB、2B 三种铅笔中哪种铅笔最软？"H""B"是什么含义？哪一种适宜绘制底图？

_____

_____

三、计划并确定制作方案

步骤	内容	描　述	注意事项
1			
2			
3			
4			
5			
6			

四、成果展示

课外作业:自制标准 A4 图纸。

五、学习小结与心得体会

六、检查评价

1. 小组课堂状态综合评价

本组综合得分	（教师评定）							
组员姓名								
得分								

2. 关键事件记录

　　课堂好的表现(回答问题):

　　课堂差的表现(出勤,纪律):

3. 作业成果评价

任务二　字符的书写

任务名称		字符的书写		课时	2	日 期	
班级			小组		地点		
学习 目标	情感	学习读书和求助,体验团队合作,练习表达。					
	技能	练习汉字、数字和字母的书写。					
	知识	1. 认知长仿宋字的书写要领。 2. 认知数字和字母的书写要领。					

一、学习任务

自制标准 A4 图纸,画上表格,并进行字符书写练习如图 2 所示。

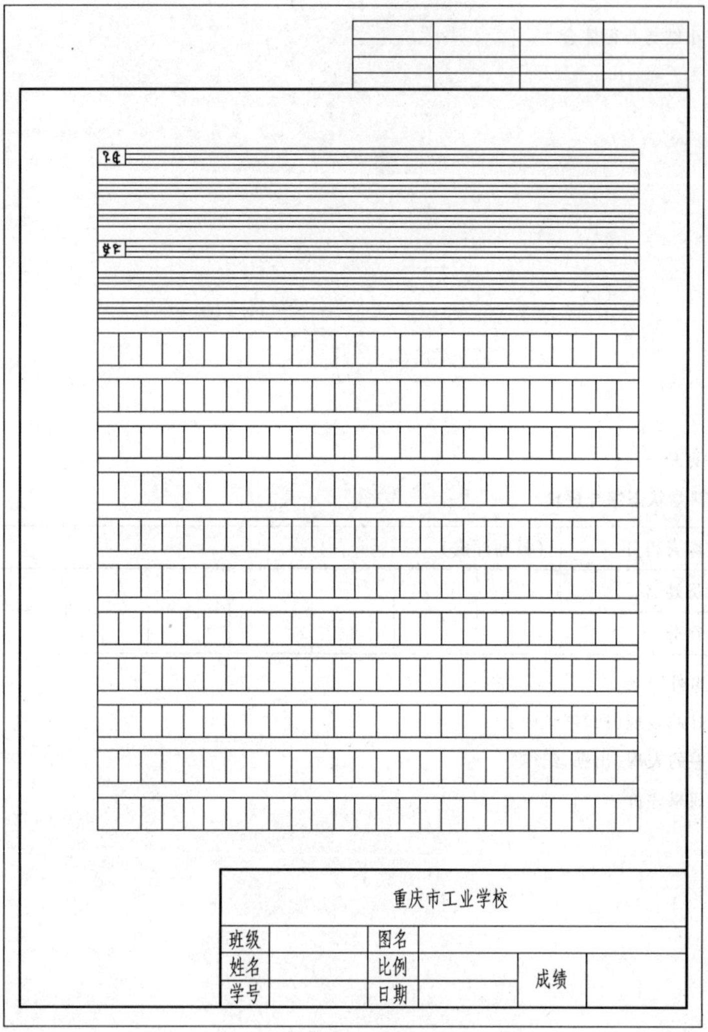

图 2

二、引导问题

(一)汉字书写

1)建筑图中汉字宜采用_____字体。长仿宋体字的书写要领有_____,_____,_____,

_____,_____。

2)长仿宋体字高宽比为_____,常用字高为_____。

(二)数字和字母的书写

1)数字、字母有_____体 、_____体之分。通常采用_____体。

2)斜体字书写时其斜度应从字的底线逆时针向上倾斜_____。

3)汉字与数字和字母混合时,一般数字和字母应_____或_____于仿宋字的

高度。

(三)关于图纸布局

如何让表格居中(周围留的空白均匀一致才更显美观)?

_____

_____

(四)字符书写训练(字符书写练习页)

三、计划并确定图纸幅面制作方案

步骤	内容	描 述	注意事项
1			
2			
3			
4			
5			
6			

四、成果展示

自制标准 A4 图纸,并进行字符书写练习。

五、学习小结与心得体会

六、检查评价

1. 小组课堂状态综合评价

本组综合得分	（教师评定）						
组员姓名							
得分							

2. 关键事件记录

   课堂好的表现（回答问题）：

   课堂差的表现（出勤，纪律）：

3. 作业成果评价

字符书写练习页

字母

数字

任务三　平面图形的绘制

任务名称	平面图形的绘制			课时	4	日 期	
班级		小组		地点			
学习目标	情感	学会读书和求助,体验成功,建立学习自信心。					
	技能	练习用圆规画圆弧,掌握圆弧光滑连接的画法,掌握尺寸标注。					
	知识	1. 理解平滑过渡的含义;理解圆弧内外切的画法。 2. 认识圆规,了解其使用方法。 3. 识读尺寸标注。					

一、学习任务

自制立式标准 A4 图纸,并抄绘"手柄",如图 3 所示。

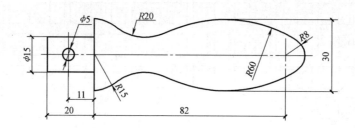

图 3　手柄

要求:图幅布置合理,图形准确美观,图线正确清晰。

二、引导问题

(一)"光滑连接"

1)圆弧与直线连接的画法。

2)圆弧与圆弧连接的画法(内切、外切)。

3)概念。

已知线段——_____。

中间线段——_____。

连接线段——_____。

(二)尺寸分析

1)什么叫尺寸基准？建筑物常用的尺寸基准有哪些？

2)什么叫定形尺寸？什么叫定位尺寸？举图 3 中例子说明。

(三)手绘工具

1)认识圆规,了解圆规的功能及其使用方法。

2)认识建筑模板,了解其功用和使用方法。

3)认识擦图片,了解其功用和使用方法。

(四)如何让图形居中显得美观？

三、计划并确定绘制方案

步骤	内容	描　述	注意事项
1			
2			
3			
4			
5			
6			

四、成果展示

自制标准 A4 图纸,并绘制手柄(见图 3)。

五、学习小结与心得体会

六、检查评价

1. 小组课堂状态综合评价

本组综合得分	（教师评定）						
组员姓名							
得分							

2. 关键事件记录
课堂好的表现(回答问题)：
课堂差的表现(出勤,纪律)：
3. 作业成果评价

习题训练页

1. 作一半径为 $R=10\text{mm}$ 的圆弧切于已知直线 ef 及一已知半圆 O_1。

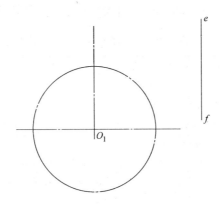

2. 作一半径为 $R=40\text{mm}$ 的圆弧内切于圆 O_1 且外切与圆 O_2。

 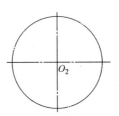

情境二 工程形体表达

任务一 台阶三视图的绘制

子任务一：制作三面正投影模型

任务名称	制作三面正投影模型		课时	2	日 期	
班级		小组		地点		
学习目标	情感	1. 养成静心阅读，不断归纳总结的习惯。 2. 注意在学习遇到困难时要坚持，学会向他人请教，不懂则问。				
	技能	1. 能辨识正投影。 2. 熟练应用平面正投影体系模型，帮助思维。				
	知识	1. 认知投影的概念、分类和三视图的形成过程。 2. 识记正投影基本特性和三视图投影规律。 3. 认知物体三视图之间的关系。				

一、学习任务

完成图4的三面投影体系的制作，学习三视图的形成及三视图关系。

材料：硬纸板、小刀、水性笔。

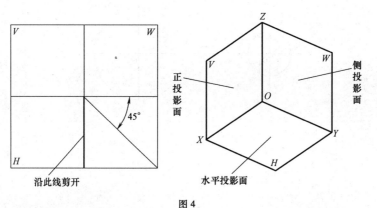

图 4

二、引导问题

(一)填空

1)三面投影体系基本构成有_____、_____、_____三个面；分别用_____、_____、_____三个字母符号表示；有_____、_____、_____三条轴线。

2)原点用_____表示(写出字母)。

3)投影的三要素是_____、_____、_____。

(二)简答

1)投影有哪些种类？如何对它们进行区别？

2）简述正投影的特性。

3）简述三视图之间的关系。

三、小组讨论并决策三面投影体系模型制作方案

步骤	内容	描　　述	注意事项
1			
2			
3			
4			
5			
6			

四、成果展示

1）引导问题答案。

2）讨论状况。

3）制作的模型。

五、检查评价

1. 小组课堂状态综合评价

本组综合得分	（教师评定）							
组员姓名								
得分								

2. 关键事件记录

课堂好的表现（回答问题）：

课堂差的表现（出勤，纪律）：

3. 作业成果评价

子任务二：绘制台阶上各点的投影

任务名称	绘制台阶上各点的投影		课时	2	日期	
班级		小组		地点		
学习目标	情感	正确面对学习困难,尝试寻求帮助,善于寻求帮助。				
	技能	1. 能正确表述点三视图投影特性。 2. 熟练绘制和识读空间点的三视图。				
	知识	1. 认知点的三视图的形成。 2. 掌握点的三视图投影特性。				

一、学习任务

根据生活经验绘制台阶三视图(见图 5),掌握点的投影特点。

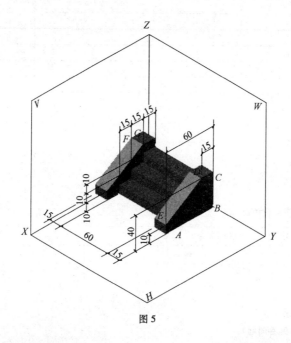

图 5

小提示:可见轮廓用粗实线表示,不可见轮廓用细虚线表示。

二、引导问题

1)在图5下面的空白处画出台阶的三视图,并清晰注明点 A、B、C、D、E、F、G 的投影。

2)知识点:

在形体表面上的点用_____字母表示。(填大写/小写)

在三面投影图上的点用_____字母表示。(填大写/小写)

三等关系是_____;_____;_____。

① A 点到 W 投影面的距离为_____个单位。

② a 的坐标值为_____。

③ a'到 OX 轴的距离为_____个单位,到 OY 轴距离为_____个单位。

如何判断你绘制的点的三面投影正确与否?

3)对 V 面而言,_____、_____为重影点;对 W 面而言,_____、_____为重影点;对 H 面而言_____、_____为重影点。

三、学生分组学习并完成引导问题

四、分组学习成果展示与交流

五、学习小结与心得体会

六、检查评价

1. 小组课堂状态综合评价

本组综合得分	(教师评定)							
组员姓名								
得分								

2. 关键事件记录

课堂好的表现(回答问题):

课堂差的表现(出勤,纪律):

3. 作业成果评价

习题训练页

1. 根据形体投影图上的投影,判断指定两点的相对位置,并标注各点在立体图上的位置。

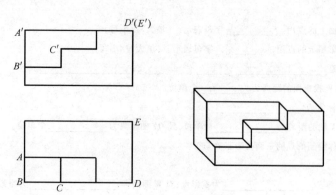

A 点在 *B* 点的＿＿＿＿＿方,*A* 点在 *C* 点的＿＿＿＿＿方。

B 点在 *C* 点的＿＿＿＿＿方,*A* 点在 *D* 点的＿＿＿＿＿方。

B 点在 *E* 点的＿＿＿＿＿方。

2. 作出点 *A*(20,15,5)、*B*(10,0,30)、*C*(0,10,0) 的投影。

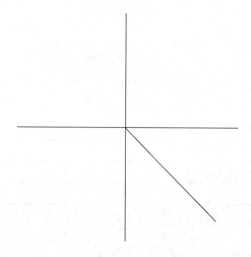

A 点（是/不是）空间点;

B 点在＿＿＿＿＿投影面内;

C 点在＿＿＿＿＿投影轴上。

子任务三：绘制台阶上直线、平面的投影

任务 名称	绘制台阶上直线、平面的投影		课时	4	日 期	
班级		小组		地点		
学习 目标	情感	注意在学习遇到困难时要坚持,学会向他人请教,不懂则问。				
	技能	1. 能正确表述直线、平面的三视图投影特性。 2. 能画直线、平面的三视图。				
	知识	1. 认知直线、平面三视图的形成。 2. 认知直线、平面三视图的投影特性。				

一、学习任务

绘制台阶三视图,学习掌握直线和平面的投影特点。

二、引导问题

1)在图6下面的空白处画出台阶的三视图,并清晰注明点 A、B、C、D、E、F、G 的投影。

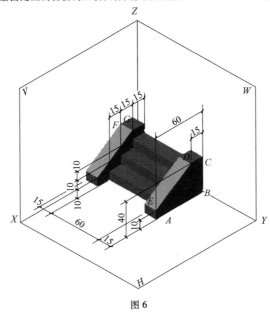

图 6

2）思考填空：

① 直线 AB 在 V 面的投影为＿＿＿＿＿＿＿＿，在 H 面的投影为＿＿＿＿＿＿＿＿，在 W 面的投影为＿＿＿＿＿＿＿＿，直线 AB 叫＿＿＿＿线。

② 直线 DE 在 V 面的投影为＿＿＿＿＿＿＿＿，在 H 面的投影为＿＿＿＿＿＿＿＿，在 W 面的投影为＿＿＿＿＿＿＿＿，直线 DE 叫＿＿＿＿线。

连接点 G 和点 E，得到直线 GE，直线 GE 叫＿＿＿＿线，其三个投影均为＿＿＿＿线，且不与任何投影轴＿＿＿＿＿＿＿＿。

③ 图 7 中的阴影面在 V 面的投影为＿＿＿＿＿＿＿＿，在 H 面的投影为＿＿＿＿＿＿＿＿，在 W 面的投影为＿＿＿＿＿＿＿＿，它叫＿＿＿＿面。

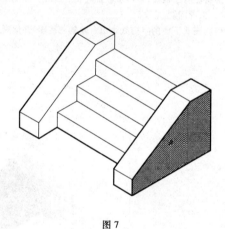

图 7

④ 图 8 中的阴影面在 V 面的投影为＿＿＿＿＿＿＿＿，在 H 面的投影为＿＿＿＿＿＿＿＿，在 W 面的投影为＿＿＿＿＿＿＿＿，它叫＿＿＿＿面。

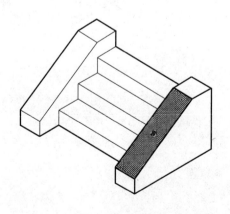

图 8

⑤ 图 9 中的阴影面在 V 面的投影为 _____ ，在 H 面的投影为 _____ ，在 W 面的投影为 _____ ，它叫 _____ 面。

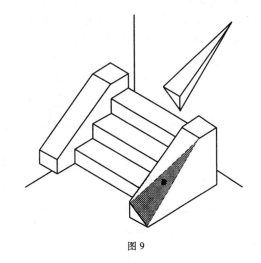

3）如何通过三面投影图判断空间直线以及平面位置？

图 9

三、学生分组学习并完成引导问题

四、成果展示与交流

五、学习小结与心得体会

六、检查评价

1. 小组课堂状态综合评价

本组综合得分	（教师评定）								
组员姓名									
得分									

2. 关键事件记录

　　课堂好的表现（回答问题）：

　　课堂差的表现（出勤，纪律）：

3. 作业成果评价

习题训练页

1. 在投影图（见图 10）中标出立体图上所给出的各平面的三面投影，并分别写出它们的位置名称。

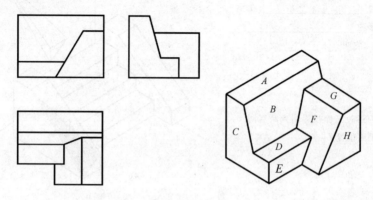

图 10

A 是 ___水平___ 面，B 是 _____ 面，C 是 _____ 面，D 是 _____ 面；

E 是 _____ 面，F 是 _____ 面，G 是 _____ 面，H 是 _____ 面。

2. 作出直线或平面的第三投影，并在括号内写出直线或平面的位置名称。

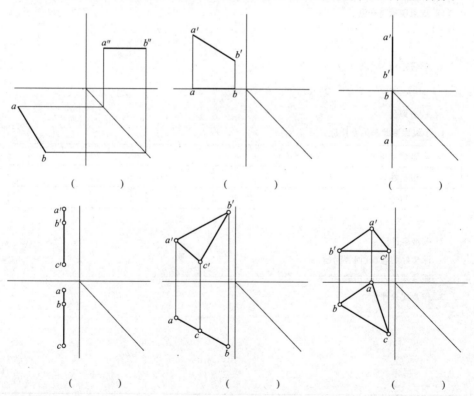

（　　　）　　　　　（　　　）　　　　　（　　　）

（　　　）　　　　　（　　　）　　　　　（　　　）

子任务四：精确绘制台阶的三视图

任务名称	精确绘制台阶的三视图		课时	8	日期	
班级		小组		地点		
学习目标	情感	1. 养成良好的学习习惯和认真负责的工作态度。 2. 不断增强空间思维和想象力。				
	技能	1. 能绘制基本几何体、简单切口体的三视图。 2. 能正确识读简单组合体的三视图。				
	知识	1. 认知基本几何体的分类和投影特点。 2. 认知组合体的类型和组合形式。 3. 熟悉形体分析法。				

一、学习任务

精确绘制台阶三视图（见图 6）。掌握平面体的投影特点，了解曲面体的投影特点，熟悉组合体的类型、组合方式，能应用形体分析法识读简单组合体。

二、引导问题

1) 什么是平面体和曲面体？它们分别有哪些种类？如何从三面投影图上快速区分棱柱、棱锥、圆柱、圆锥？

2) 什么是辅助直线法？如何操作？

3) 什么是辅助圆法？如何操作？

4) 叙述形体分析法识读三面投影图的步骤。

三、学生分组学习完成引导问题,并展示学习成果。

四、教师讲授,学生笔记并展示。

1. 基本体棱柱、棱锥、圆柱、圆锥的投影。

2. 基本体表面取点,总结归纳辅助直线法和辅助圆法。

3. 简单组合体及用形体分析法识读组合体的三视图。

注意:采用探讨式讲授,讲练结合,增加互动,努力吸引学生参与教学活动,减少学生疲劳感。

五、检查评价

1. 小组课堂状态综合评价

本组综合得分	(教师评定)							
组员姓名								
得分								

2. 关键事件记录

　　课堂好的表现(回答问题):

　　课堂差的表现(出勤,纪律):

3. 作业成果评价

习题训练页 1

1. 完成三棱柱及其表面上点和线段的投影。

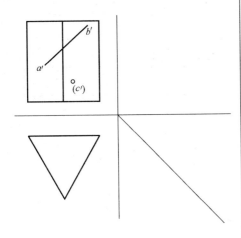

2. 补全三棱锥及其表面上点和线段的投影。

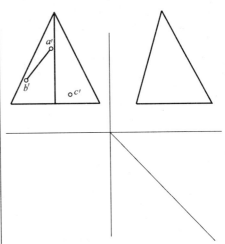

3. 补全圆锥上 *ABCD* 各点的其他两面投影。

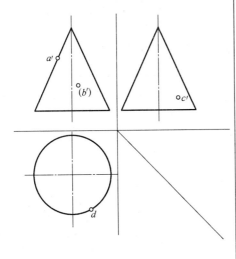

4. 完成切口三棱柱的 *V* 面投影。

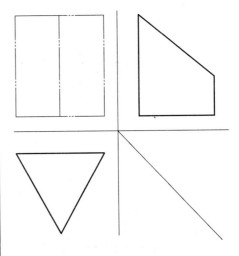

习题训练页 2

根据相同的两面投影，想象出不同形体的形状，并分别补画出它们第三面的投影。

习题训练页 3

1. 完成切口四棱锥的其他两面投影。

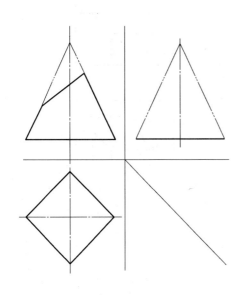

2. 完成带切口立体的投影。

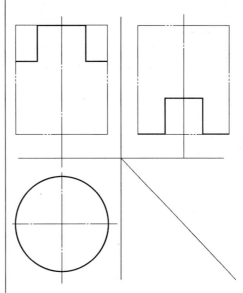

3. 补画第三视图。

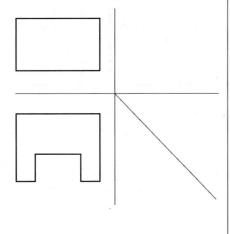

4. 补画第三视图。

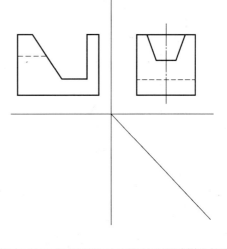

习题训练页 4

1. 补画第三视图。

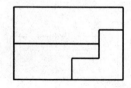

2. 补画第三视图。

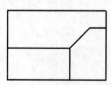

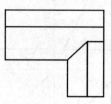

3. 补画第三视图。

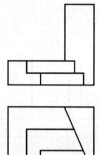

4. 补画漏线。

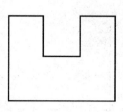

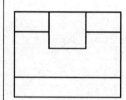

习题训练页 5

对图 11 所示组合体进行形体分析。

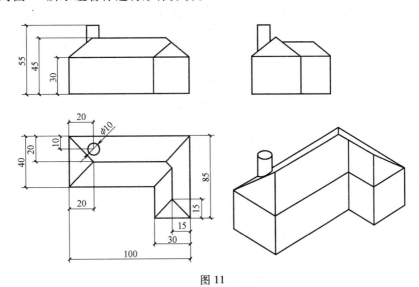

图 11

任务二　房屋轴测图的绘制

子任务一：绘制简单的形体正等测图

任务名称		绘制简单的形体正等测图		课时	2	日期	
班级			小组		地点		
学习 目标	情感	体验团队合作,训练表达能力。					
	技能	掌握简单形体的正等轴测图的画法。					
	知识	1. 理解轴测图的概念、分类。 2. 理解正等轴测图的形成和特点。					

一、学习任务

根据几何形体的三视图绘制正等轴测图(见图12)。

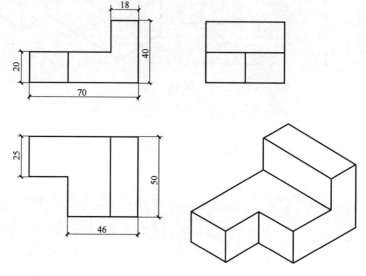

图 12

二、引导问题

(一)轴测投影

1)何为轴测投影图？为什么需要轴测投影图？

2)名词解释:轴测轴、轴间角、轴向伸缩系数。

3)常见轴测投影图的分类。

	轴间角			轴向伸缩系数		
正等测图						

(二)正等轴测投影的画法思路

坐标法：

切割法：

叠加法：

三、计划并确定制作方案

步骤	内容	描　述	注意事项
1			
2			
3			
4			
5			
6			

四、实施与控制

五、成果展示

六、检查评价

1. 小组课堂状态综合评价

本组综合得分	(教师评定)							
组员姓名								
得分								

2. 关键事件记录

课堂好的表现(回答问题)：

课堂差的表现(出勤,纪律)：

3. 作业成果评价

习题训练页

1. 根据形体三视图画正等轴测图（尺寸从图上直接量取）。

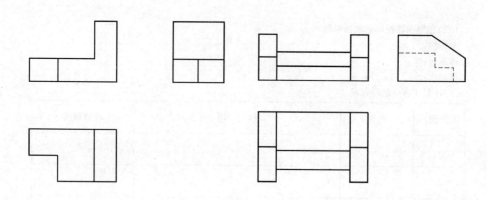

2. 根据形体三视图画正等轴测图（尺寸从图上直接量取）。

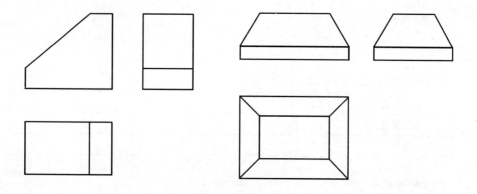

子任务二：绘制房屋模型正等测图

任务名称	绘制房屋模型正等测图		课时	2	日期	
班级		小组		地点		
学习目标	情感	体验团队合作，训练表达能力。				
	技能	掌握简单形体的正等轴测图的画法。				
	知识	1. 理解轴测图的概念、分类。 2. 理解正等轴测图的画法。				

一、学习任务

根据房屋模型的三视图绘制正等轴测图（见图 13）。

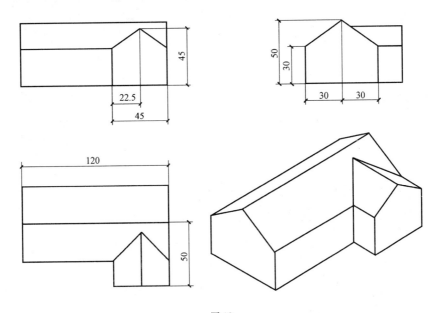

图 13

二、引导问题（同"绘制简单的形体正等测图"）

三、计划并确定制作方案

步骤	内容	描　　述	注意事项
1			
2			
3			
4			
5			
6			

四、实施与控制

五、成果展示

六、检查评价

1. 小组课堂状态综合评价

本组综合得分	（教师评定）							
组员姓名								
得分								

2. 关键事件记录

　　课堂好的表现（回答问题）：

　　课堂差的表现（出勤，纪律）：

3. 作业成果评价

子任务三：绘制房屋模型斜二测图

任务名称	绘制房屋模型二轴测图		课时	2	日期	
班级		小组		地点		
学习 目标	情感	学会读书,学会合作。				
	技能	掌握斜二轴测图的画法。				
	知识	认知斜二测图的形成、特点、画法。				

一、学习任务

根据房屋模型三视图绘制斜二轴测图(见图14)。

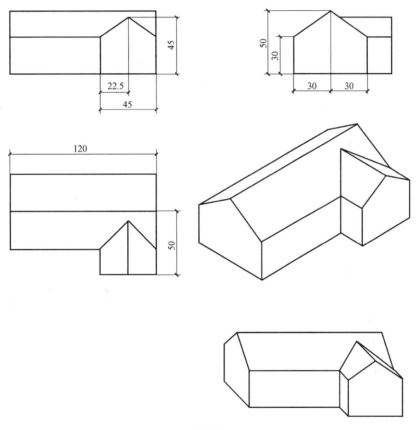

图 14

二、引导问题

1)常见轴测投影图分类。

	轴测轴	轴间角			轴向伸缩系数		
正等侧							
斜二测							

2）斜二测投影的画法思路。

切割法：

叠加法：

坐标法：

三、计划并确定制作方案

步骤	内容	描　述	注意事项
1			
2			
3			
4			
5			
6			

四、实施与控制

五、成果展示

六、检查评价

1. 小组课堂状态综合评价

本组综合得分	（教师评定）							
组员姓名								
得分								

2. 关键事件记录

　课堂好的表现（回答问题）：

　课堂差的表现（出勤，纪律）：

3. 作业成果评价

习题训练页

1. 根据形体三视图画斜二轴测图（尺寸从图上直接量取）。

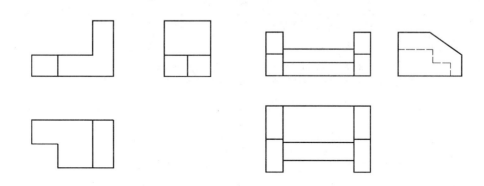

2. 根据形体三视图画斜二轴测图（尺寸从图上直接量取）。

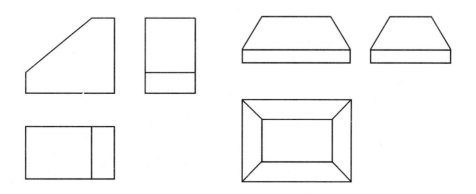

任务三　剖视图的绘制

子任务一：杯型基础剖面图的绘制

任务名称		杯型基础剖面图的绘制		课时	4	日期	
班级			小组		地点		
学习目标	情感	1. 培养学生正确的学习态度，营造良好的学习氛围。 2. 培养学生对本专业的热爱及一丝不苟的作风。					
	技能	能正确绘制形体的剖面图。					
	知识	1. 了解剖面图的作用。 2. 熟悉剖面图的定义。 3. 掌握剖面图的画法。					

一、学习任务

任务:绘制杯型独立基础(见图15)1—1 截面的剖面图、2—2 截面的半剖面图及表达构造的局部剖面图。

通过杯型基础剖面图的绘制,学习剖面图的形成,掌握剖面图的画法、分类及应用场合,熟悉常用的图例符号。

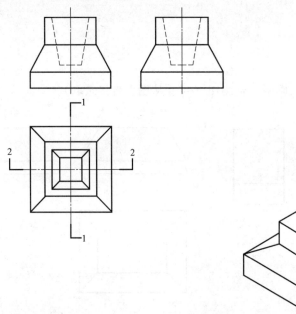

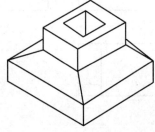

图 15

二、引导问题

1)说明什么是剖面图,剖面图是如何形成的,剖视的目的是什么。

2)掌握剖面图的画法。

① 剖面图的剖切符号由＿＿＿＿＿＿及＿＿＿＿＿＿组成,均应以＿＿＿＿＿＿线绘制。

② 剖切位置线的长度宜为 _____ mm；投射方向线长度为 _____ mm，应垂直于 _____ 线。

③ 剖切符号的编号宜采用 _____ 。（字母或数字）

④ 对被剖切处截面图形的轮廓线用 _____ 线表示；对未剖切到但是在投影时仍可见的轮廓线用 _____ 线表示；不可见的轮廓线 _____ （绘制/不绘制）。

⑤ 画剖面图时，在截断面部分应画上形体相应的材料图例。当不要求注明材料种类时，可用等距同方向的 _____ 来绘制。如果绘制图中狭窄断面的材料图例有困难，也可将断面 _____ 。两个相邻涂黑图例间应留有空隙，其宽度不得小于 _____ mm。

⑥ 剖面图的图名用 _____ 位置编号来表示。

3）了解剖面图的分类和用途。

① 剖面图按剖切方式分为 _____ 、_____ 、_____ 、_____ 、_____ 。

② 全剖图的定义：_____ 。

③ 全剖图适用于：_____ 。

④ 半剖图的定义：_____ 。

⑤ 半剖图适用于：_____ 。

⑥ 阶梯剖面图的定义：_____ 。

⑦ 阶梯剖面图适用于：_____ 。

4）熟悉常见建筑材料图例。

三、讨论并制定方案

制定方案后由每组派一个代表做出展示，老师小结选择最佳方案。

步骤	内容	注意事项
1	绘制图框、标题栏及会签栏	
2	根据轴测图绘制出形体的三面投影图	
3		
4		
5		
6		
7		
8		

四、绘制独立基础剖面图(见图 16)

绘图工具:丁字尺、图板、三角板、铅笔、分规、橡皮擦等。

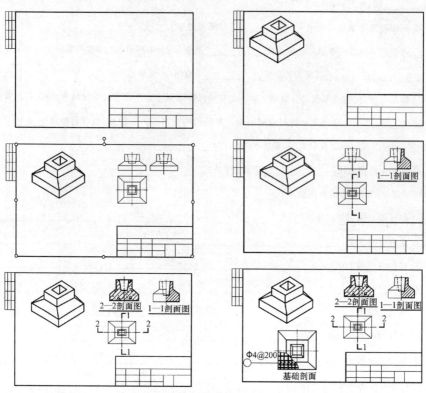

图 16

五、成果展示

学生完成作业后进行成果展示,如果本堂课内没有完成作品可以在作业上交后、老师批改完,再做展示。

六、检查评价

1. 小组课堂状态综合评价

本组综合得分	(教师评定)							
组员姓名								
得分								

2. 关键事件记录

课堂好的表现(回答问题):

课堂差的表现(出勤,纪律):

3. 作业成果评价

习题训练页 1

1. 完成 1—1 剖面图。

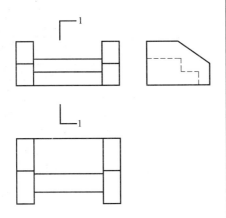

2. 完成 1—1 剖面图。

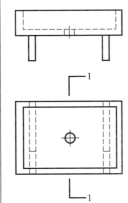
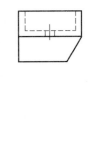

3. 完成 1—1 剖面图。

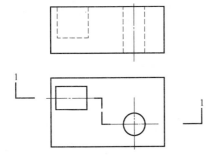

4. 完成 3—3 剖面图。

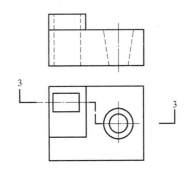

习题训练页 2

1. 作正立面的半剖面图。

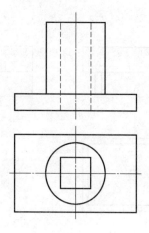

2. 完成 1—1 全剖面图。

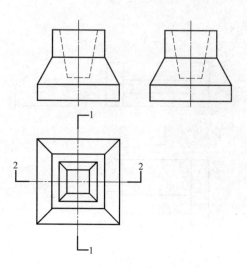

3. 完成 2—2 半剖面图。

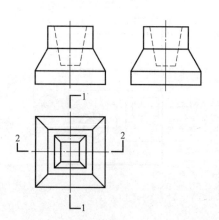

4. 作杯型独立基础构件详图(表达底面钢筋)。

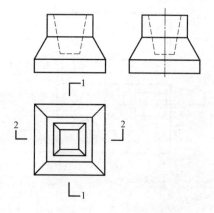

子任务二：牛腿柱断面图的绘制

任务名称	牛腿柱断面图的绘制		课时	2	日期	
班级		小组		地点		
学习目标	情感	1. 培养学生正确的学习态度，营造良好的学习氛围。 2. 培养学生对本专业的热爱及一丝不苟的作风。				
	技能	能正确绘制形体的断面图				
	知识	1. 了解断面图的作用。 2. 熟悉断面图的定义。 3. 掌握断面图的画法。 4. 掌握断面图与剖面图的区别。				

一、学习任务

任务：根据图 17 绘制牛腿柱的 1—1、2—2、3—3 断面图（材料：钢筋混凝土）。

通过绘制牛腿柱的断面图，学习断面图的定义、形成、画法、分类、应用以及断面图与剖面图的区别。

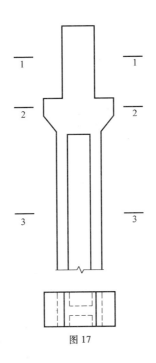

图 17

二、引导问题

1）什么是断面图？断面图是如何形成的？

2）断面图的画法。

① 断面图的剖切符号仅用＿＿＿＿＿＿＿＿＿线表示。剖切位置线仍用＿＿＿＿＿＿＿＿＿线绘制，长度约为

＿＿＿＿＿＿＿＿＿mm。

② 断面图剖切符号的编号宜采用＿＿＿＿＿＿＿＿＿＿＿＿＿＿；＿＿＿＿＿＿＿＿＿＿＿应为该断面的剖视

方向。

3）了解断面图的分类和用途

① 根据断面图在视图中的位置，可分为＿＿＿＿＿＿＿＿、＿＿＿＿＿＿＿＿、＿＿＿＿＿＿＿三种。

② 移出断面图：＿＿

＿＿。

③ 中断断面图：＿＿＿＿＿＿＿＿＿＿＿＿＿＿＿＿＿＿＿＿＿＿＿＿＿＿＿＿＿＿＿＿＿＿＿＿＿＿。

④ 重合断面图：＿＿＿＿＿＿＿＿＿＿＿＿＿＿＿＿＿＿＿＿＿＿＿＿＿＿＿＿＿＿＿＿＿＿＿＿＿＿。

4）剖面图与断面图的区别是什么？

三、分组学习，讨论制定绘图方案

制定方案后由每组排一个代表做出展示，老师小结选择最佳方案。

步骤	内容	注意事项
1		
2		
3		
4		
5		
6		
7		
8		

四、按方案进行绘图练习

制图工具:三角板、铅笔、分规、橡皮擦等。

五、成果展示

展示绘图方案和作品,同学互评与反思。

六、检查评价

1. 小组课堂状态综合评价

本组综合得分	(教师评定)							
组员姓名								
得分								

2. 关键事件记录

课堂好的表现(回答问题):

课堂差的表现(出勤,纪律):

3. 作业成果评价

习题训练页

1. 完成截面 1—1、2—2、3—3 的断面图。

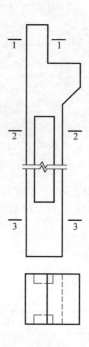

2. 完成截面 1—1、2—2、3—3 的断面图。

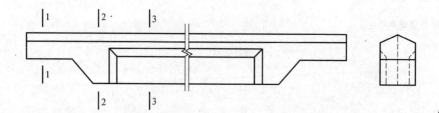

情境三　建筑施工图识读

任务一　建筑施工图首页识读

任务名称	识读某工程建筑施工图首页		课时	2	日期	
班级		小组		地点		
学习目标	情感	培养学生的识读能力、逻辑思维能力、沟通表达能力。				
	技能	了解如何正确地识读施工图首页。				
	知识	了解施工图首页的作用和所表达的内容。				

一、学习任务

识读某工程建筑施工图首页,如图18所示。

二、引导问题

1)图18列出了工程首页哪些内容? 还有哪些内容未列出?

2)本工程图纸目录涉及_____、_____、_____、_____共4项,一共_____页,其中平面图_____页,剖面图_____页。

3)从洞口尺寸来说本工程门有_____种型号,窗有_____种型号。

4)从装修一览表看房屋的做法,知道此工程项目应当在_____地区。

5)建筑设计依据一般有哪三个方面?

6)本工程建筑类别为_____类,设计使用年限_____年;建筑物耐火等级为_____级,屋面防水等级为_____级,防水层合理使用年限为_____年。

7)本工程结构类型为_____,相对标高0处的绝对标高为_____m。

8)仔细阅读设计说明,了解本工程各部做法要求。

三、分组学习

按引导文内容分组读图,组内讨论解决疑问;对组内没能解决的问题进行记录,展示阶段全班来商讨。

四、成果展示

1)各组轮流提问(组内没能解决的问题),其他组竞答。

2)班内没能解决的由教师解答或指明解决方式,学生课后查阅解决。

3)教师做好记录。

五、检查评价

1. 小组课堂状态综合评价

学生综合得分(教师评定)									
组员姓名									
组内协同									
讨论状况									
解决问题									
课堂纪律									
综合得分									

2. 关键事件记录

课堂好的表现(回答问题):

课堂差的表现(出勤,纪律):

3. 作业成果评价

说明:
1. 除了建筑物、道路外,均为绿化用地。
2. 道路绿化均为示意图,具体做法需要二次设计。

总平面图1:500

装修一览表

部位	做法	采用图纸及编号	备注
屋面	卷材防水屋面	建筑设计说明4.2.2屋面防水	
一般顶棚	白色乳胶漆顶棚	西南J515－P06	
厨房、厕所顶棚	铝合金方板吊顶	西南J515－P23	
一般地面	水泥豆石地面	西南J312－3110a	
厨房、厕所,阳台楼梯间地面	防滑地砖地面	西南J517－P34-3	
一般内墙面	白色乳胶漆墙面	西南J515－N05	
厨房、厕所内墙面	釉面砖墙面	西南J515－N12	
踢脚板	面层同楼地面	西南J1312－3187	
外墙面	外墙砖贴面	西南J516－5401	高150

注:厨房、厕所,阳台合防水层用1.5厚聚氨酯防水涂料,防水层设在内墙受水面上卷300高。

过梁表

代号	数量	采用标准图集	备注
GLA4121	8	03G322-1	
GLA4151	8	03G322-1	宽为200
GLA4091	24	03G322-1	宽为200
GLA4081	17	03G322-1	宽为200
GLA4071	16	03G322-1	宽为200
GL－4151	1	03G322-1	顶层楼梯

图纸目录

序号	图纸名称	图号	备注
1	图纸目录,总平面图,门窗及过梁表 装修一览表	14-1	
2	建筑设计总说明	14-2	
3	底层平面图	14-3	
4	标准层平面图	14-4	
5	屋顶平面图楼梯间屋顶平面图	14-5	
6	①~⑮立面图	14-6	
7	⑮~①立面图	14-7	
8	Ⓐ~Ⓔ立面图(Ⓔ~Ⓐ)立面图	14-8	
9	1-1剖面图,2-2剖面图	14-9	
10	楼梯详图	14-10	
11	厨房、卫生间详图及墙身详图	14-11	
12	门立面图	14-12	
13	窗立面图、百叶护栏	14-13	
14	M5详图	14-14	

门窗及过梁表

名称	编号	洞口宽度	洞口高度	数量	采用图纸	备注
门	M1	1200	2100	8	具有资质的厂家设计,经设计单位认可的厂家制作	防盗门
	M2	3600	2400	8		塑钢推拉窗
	M3	1500	2100	8		塑钢推拉窗
	M4	1500	2400	8	西南J611	木质门
	M5	900	2100	24	同M1	塑钢平开门
	M6	800	2100	17	西南J611	塑钢平开门
	M7	700	2100	16	西南J611	铝质玻璃门
窗	C1	3000+600×2	2100	8	具有资质的厂家设计,经设计单位认可的厂家制作	塑钢推拉窗
	C2	1500+600×2	2100	8		塑钢推拉窗
	C3	1500	1500	12		
	C4	600	900	16		塑钢平开窗

图 18　某工程施工图首页 1

建筑设计总说明

1. 设计依据

1.1 ××学校(以下简称甲方)与××工程技术股份有限公司(以下简称乙方)参加口约合同及审方发出的设计委托书。

1.2 ××校建设部提供的该建设场地1/500地现。

1.3 乙方制制的该工程的初步设计(××学校教工住宅初步设计)设计号:201101。

1.4 由建设方提供的《××学校教工住宅初步设计会议纪要》、《表工住施工图设计审议意见。

1.5 ××市建设行政主管部门审查通过的该初步设计的批文。

1.6 ××市公安局消防的局有关消防设计审查文。

1.7 ××园园林规划局关于该工程初步设计方案审查的审意见。

1.8 《宿舍建筑设计规范》(JGJ 36—2005)。

1.9 《建筑设计防火规范》(GB 50016—2006)。

1.10 《屋面工程技术规范》(GB 50345—2004)。

1.11 ××市居住建筑节能设计标准。

1.12 国家现行有关规范、规定、条例。

2. 建筑等级

2.1 建筑物合理使用年限:根据《民用建筑设计通则》,本工程建筑类别为3类,设计使用年限为50年。

2.2 抗震设防度:根据《中国地震烈度区划图》,本地区基本地震烈度为6度。

2.3 建筑耐火分类:根据《建筑设计防火规范》,本工程为多层居住建筑,建筑物耐火等级为二级。

2.4 建筑屋面防水等级:根据《屋面工程技术规范》,本工程屋面防水层为Ⅲ级,防水层合理使用年限为10年。

3. 建筑标注

3.1 本工程建筑层数为4层,总建筑面积m²。

3.2 建筑物室内外高差200mm,屋顶为现浇平屋顶。

3.3 本楼建筑设计标高±0.000相当于绝对标高301.700m。室内外高差为0.900m。

4. 设计说明

4.1 墙体:

4.1.1 本工程为砖混框架梁结构,说点墙体主要为200厚结页岩空心砖,页岩空心砖自重约于等于8.0kN/m³,用M5砂浆砌筑。

4.1.2 空心砖选门楼墙通用标准图集(络络空心砖构造图)西南G70施工,并速度(框架采用墙无索构造图集)西南G70施工。

4.1.3 页岩空心砖与钢筋混凝土柱的节点构造连接,应在钢筋混凝土柱内预留拉结筋,做2×6@600设拉筋,墙长度>700,且不小于墙长的1/5。

4.1.4 墙砌洞及未用堵用HU10页实砖,M5混合浆砌筑。墙洞内接2×6@500设拉筋,锚接长度700。

4.1.5 页岩空心砖墙体与钢筋混凝土墙柱交接处加挂300mm宽,0.8厚9×25钢丝网,磷酸网部位应用砌墙三匹,瓷网上下宜管墙三匹,留空下一匹。

4.1.6 砖砌体在体在0.060m以设防潮带。1:2水泥砂浆加5%游水剂。

4.1.7 墙身阳角门:1:2水泥砂浆倒护角,高1800,阴角R=50小圆角。

4.1.8 凡空心砖砌块长度>5000时,应设置构造柱,长过Φ40,,柱内主筋4Φ12通长,箍筋6@200,C20混凝土现浇,并与墙体搭接。

4.19 墙体底标高或墙底同墙底基础板。

4.2 屋面:

4.2.1 屋面泄水:屋面排水为有组织排水,排水管采用白色Φ100 UPVC管材,详见立水施。

4.2.2 屋面防水:为一遍水,防水材料为3厚BAC自黏合复合防水卷材。

a. 普通纸砂抗护层

b. 3厚BAC复合防水卷材层

c. 15厚1:3水泥砂浆找平层

d. 抗凝砂浆找平层(保温层厂家提供)

e. 40厚挤塑聚苯乙烯保温隔热板(厂家提供)

f. 15厚1:3水泥砂浆找平层

g. 30~150厚水泥陶粒找坡层(i=2%)

h. 15厚1:3水泥砂浆找平层

i. 找平层(详见结构施工图)

4.3 楼地面(详见装修一览表)

4.4 内墙面及顶棚(详见建筑及构造移动平装修工)。

4.5 外墙面(详见装修一览表)。

4.6 踢脚线(详见装修一览表)。

4.7 室内散水:宜设为800,做法参见西南J812⊕⊕。

4.8 门窗:

4.8.1 木门(详见门表),采用乳白色(黄萝)调合漆,作注见西南J302-3502。

4.8.2 铝合金塑钢门窗,5×6×5双层透明玻璃,其两天布及其构造做法由厂家确定,并经设计认定后,方可施工。

4.8.3 门窗安装正子安装,应注在上顶预预勾拉,以现浇过程。

4.8.4 所有木立捆窗中尺见,所有木立捆窗与内捆的平木。

4.8.5 门窗制作安装尺寸与核对木见详见门窗表。

4.9 装修:

4.9.1 装修内见移一览表,外墙、治样、扶手见装修样栏。油漆为黑色配合漆2遍。

4.9.2 楼梯样栏尺寸应对照对现浇施工批工。

5. 消防

5.1 防火区分区:车栋区为一个防火分区。

5.2 防火分区:

5.3 消防系统:

5.3.1 各层干简均按设有消火栓,详见给排水图。

5.3.2 《建筑火灾器配置设计规范》,本楼各层均设置手提干粉灭火器,天灾器的位置请见总平面图。

6. 其他

6.1 外墙材料及色样均见装修样,待现场认可后,方可施工。

6.2 管线穿墙设洞,样建造工见形,按C20细石混凝土封闭。

6.3 未尽事宜,均按国家有关规范及现行工程及施工验规现定进行施工。

图19 某工程施工图首页2——建筑设计总说明

任务二　建筑总平面图识读

任务名称	识读第二教学楼总平面图		课时	2	日期	
班级		小组		地点		
学习目标	情感	学习读书和求助,体验团队合作,学习表达。				
	技能	读懂建筑总平面图,熟悉各种图例、符号表示的含义。				
	知识	1. 掌握建筑总平面图的基本概念(比例、标高、图例等)。 2. 掌握建筑总平面图的识读。				

一、学习任务

识读第二教学楼总平图,如图20所示。

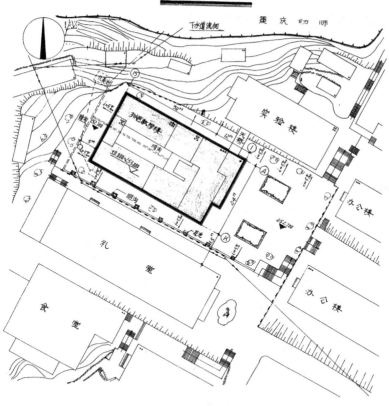

图20

二、引导问题

1）说说 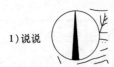 是什么？绘制时有何要求？本工程大门朝哪个方向（尽可能说明确）？

2）本建筑共_____层，大厅绝对海拔高度为_____m。

3）本工程总长_____m，总宽_____m。房屋是如何定位的？

4）说说 <u>总平面图 1:500</u> 中 1:500 的含义。

5）解释下列符号在图中要表达的意思。

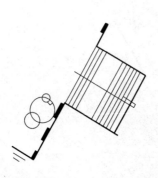

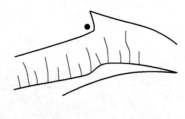

6)建筑总平面图需说明哪些内容？有何作用？

三、分组学习

按引导文内容分组读图,组内讨论解决疑问;对组内没能解决的问题进行记录,展示阶段全班来商讨。

四、成果展示

1)各组轮流提问(组内没能解决的问题),其他组竞答。

2)班内没能解决的由教师解答或指明解决方式,学生课后查阅解决。

3)教师做好记录。

五、检查评价

1. 小组课堂状态综合评价

本组综合得分	(教师评定)						
组员姓名							
得分							

2. 关键事件记录

课堂好的表现(回答问题):

课堂差的表现(出勤,纪律):

3. 作业成果评价

任务三　建筑平面图识读

子任务一：识读第二教学楼平面图

任务名称	识读第二教学楼平面图		课时	6	日期	
班级		小组		地点		
学习目标	情感	学习读书和求助，体验团队合作，学习表达。				
	技能	掌握建筑平面图的读图方法和步骤。				
	知识	1. 知道建筑平面图的形成及内容； 2. 掌握平面图相关内容的表达方法。				

一、学习任务

1）识读重庆市工业学校第二教学楼底层平面图（见图21）。

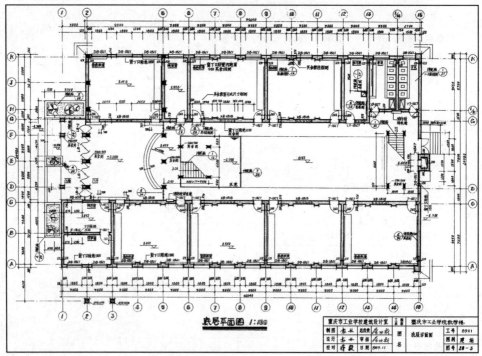

图21

2）识读重庆市工业学校第二教学楼其他楼层平面图（见配套图集）。

二、引导问题

（一）底楼平面图

1)了解图名、图号、比例及文字说明内容。

2)了解建筑朝向及平面布局。

3)了解建筑的结构类型。

4)尺寸解读(见图22)。

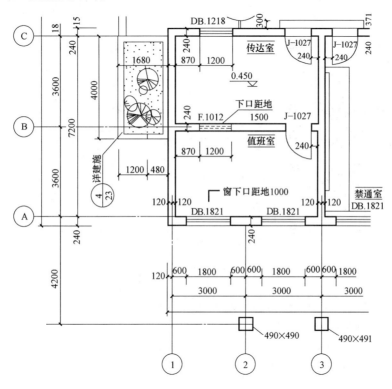

图 22

① 外部尺寸。

教学楼纵向总长度为 ＿＿＿＿＿＿＿＿ mm,值班室开间为 ＿＿＿＿＿＿＿＿ mm,进深为

＿＿＿＿＿＿＿＿ mm;值班室左边窗户 DB—1821 洞口长度为 ＿＿＿＿＿＿＿＿ mm,其定位尺寸为左

端到①号轴线 ＿＿＿＿＿＿＿＿ mm,右端到②号轴线 ＿＿＿＿＿＿＿＿ mm。

② 内部尺寸。

值班室墙厚为 ＿＿＿＿＿＿＿＿ mm;值班室与传达室隔墙上有高窗 F—1012,其窗洞长度尺寸为

＿＿＿＿＿＿＿＿ mm,其定位尺寸为左端到①号轴线 ＿＿＿＿＿＿＿＿ mm,值班室与传达室隔墙上

有连接门 J—1027,其门洞尺寸为 ＿＿＿＿＿＿＿＿ mm,其定位尺寸为右端到③号轴线距离

＿＿＿＿＿＿＿＿ mm。

5)熟悉图 23 中各组成部分的标高情况。

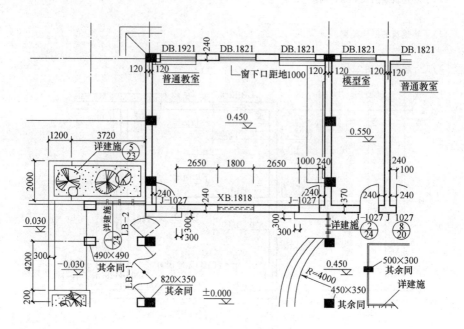

图 23

6)了解平面图的细部(花台、散水、楼梯、水池、镜子、黑板、讲台、卫生间设备等)。关注它们的形状、定型和定位尺寸、标高、构造等。

7)了解图中的代号、编号、符号及图例等。

8)明确楼梯的定型和定位尺寸。

(二)其他楼层平面图

其他楼层平面图的识读重点应与底层平面图对照异同,如在结构形式、平面布局、楼层标高、墙体厚度、框架柱断面尺寸等方面是否有变化。

（三）屋顶平面图

屋顶平面图重点在屋面排水分区、排水方向、坡度、雨水口的位置、尺寸等内容。

三、知识讲解

教师借助 PPT/FLASH 等进行相关知识点的讲解，为学生自行读图做好知识准备。

四、分组学习

1）按引导文内容分组读图，组内讨论解决疑问。

2）对组内没能解决的问题进行记录，展示阶段全班来商讨。

五、成果展示

各组提出本组待解决的问题，其他组抢答。同学们都不能解决的问题，教师一起来商讨。回答问题时尽量说明解决问题的知识点在何处。

六、检查评价

1. 小组课堂状态综合评价

学生综合得分（教师评定）						
组员姓名						
组内协同						
讨论状况						
解决问题						
课堂纪律						
综合得分						

2. 关键事件记录

课堂好的表现（回答问题）：

课堂差的表现（出勤，纪律）：

3. 作业成果评价

子任务二：抄绘第二教学楼底层平面图

任务名称	抄绘第二教学楼底层平面图		课时	4	日期	
班级		小组		地点		
学习目标	情感	学习读书和求助，体验团队合作，学习表达。				
	技能	掌握建筑平面图的抄绘方法和步骤。 熟练掌握手绘工具的使用。				
	知识	1. 知道绘制建筑平面图的相关知识。 2. 知道手绘建筑施工图的方法和步骤。				

一、学习任务

抄绘第二教学楼底层平面图(见图24)。

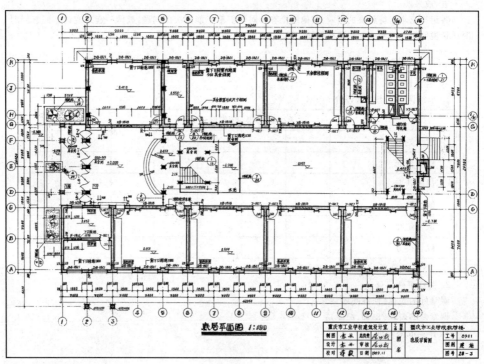

图 24

二、引导问题

1)图纸选择与布局——如何让图形布置在图纸中正中,紧凑而且简明(防止图纸报废)?

2）读懂图是抄绘图纸的基础。重点准备：图线、图例、尺寸标注、文字注写。

3）如何让图纸在正确的基础上更美观？好习惯：正确选择铅笔种类和画图线的顺序，并保证图纸清洁。

4）正确使用工具。

三、布局知识讲解

教师讲解布局知识并借助投影 CAD 抄绘演示，为学生自行抄图做好知识准备。

四、分组讨论学习

1）如何进行高质量的平面图抄绘？（防止图线用错，线宽不明；字符标注应清晰明了；图例和符号应符合标准；表达上没有矛盾；图形居中，周围留白均匀。）

2）拟定操作步骤和方法。

步骤	内容	描述	注意事项
1			
2			
3			
4			
5			
6			

五、抄绘底层平面图

六、作品展示与总结

七、检查评价

1. 小组课堂状态综合评价

学生综合得分（教师评定）								
组员姓名								
组内协同								
讨论状况								
解决问题								
课堂纪律								
综合得分								

2. 关键事件记录

课堂好的表现(回答问题)：

课堂差的表现(出勤,纪律)：

3. 作业成果评价

任务四　建筑立面图识读

子任务一：识读第二教学楼立面图

任务名称	识读第二教学楼立面图		课时	2	日期	
班级		小组			地点	
学习目标	情感	学习读书和求助,体验团队合作,训练表达。				
	技能	掌握建筑立面图的读图方法和步骤。				
	知识	1. 知道建筑立面图的形成及内容。 2. 掌握建筑立面图相关内容的表达方法。				

一、学习任务

识读重庆市工业学校第二教学楼立面图(见图25)及另外三个方向的立面图(见配套图集)。

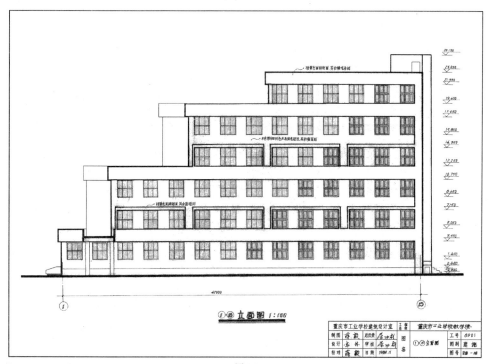

图25

二、引导问题

(一)①～⑮立面图

1)了解图名、图号、比例及文字说明内容。

2) 了解横向轴线及尺寸。

3) 识读标高并弄清楚标识的对象。

4) 识读墙面装修材料及作法。

5) 注意图线使用。

6) 仔细思考(见图 26)。

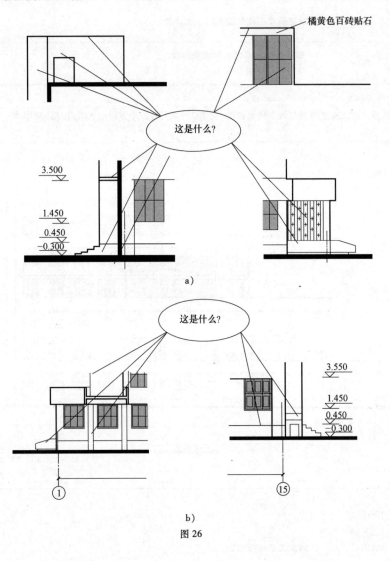

图 26

（二）K～A 立面图

注意结合①～⑮立面图看清本立面图(见图27)的层次。

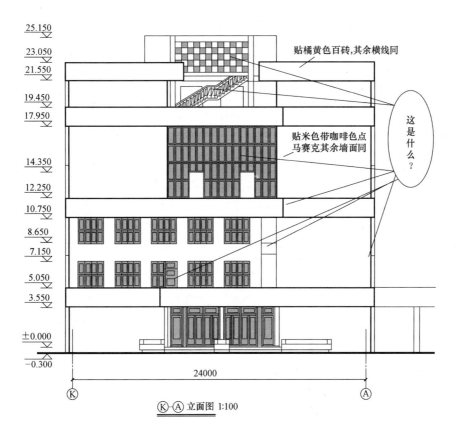

图 27

三、知识讲解

教师借助 PPT/FLASH 等进行相关知识点的讲解,为学生小组识图做好知识准备。

四、分组学习

按引导文内容分组读图,组内讨论解决疑问;对组内没能解决的问题进行记录,展示阶段全班来商讨。

五、学习成果展示

各组提出本组待解决的问题,其他组抢答。同学们都不能解决的问题,教师一起来商讨。回答问题时尽量说明解决问题的知识点在何处。

六、检查评价

1. 小组课堂状态综合评价

学生综合得分(教师评定)							
组员姓名							
组内协同							
讨论状况							
解决问题							
课堂纪律							
综合得分							

2. 关键事件记录

课堂好的表现(回答问题):

课堂差的表现(出勤,纪律):

3. 作业成果评价

子任务二：抄绘第二教学楼立面图

任务名称	抄绘第二教学楼立面图		课时	4	日期	
班级		小组		地点		
学习目标	情感	学习读书和求助，体验团队合作，学习表达。				
	技能	掌握建筑立面图的绘制方法和步骤。 熟练掌握手绘工具的使用。				
	知识	1. 知道绘制建筑立面图的相关知识。 2. 知道手绘建筑立面图的方法和步骤。				

一、学习任务

抄绘第二教学楼立面图(见图25)。

二、引导问题

1)图纸选择与布局——如何让图形布置在图纸正中,紧凑而且简明(防止图纸报废)?

2)读懂图是抄绘图纸的基础。重点准备:图线、图例、尺寸标注、文字注写。

3)如何让图纸在正确的基础上更美观？好习惯:正确选择铅笔种类和画图线的顺序,并保证图纸清洁。

4)正确使用工具。

三、布局知识讲解

教师讲解布局知识并借助 CAD 抄绘投影,为学生自行抄图做好知识准备。

四、分组学习讨论

1)如何进行高质量的平面图抄绘?（防止图线用错,线宽不明;字符标注应清晰明了;图例和符号应符合标准;表达上没有矛盾;图形居中,周围留白均匀。）

2)拟定操作步骤和方法(注意使窗户位置横平竖直对应整齐)。

步骤	内容	描述	注意事项
1			
2			
3			
4			
5			
6			

五、抄绘图25。

六、作品展示

七、检查评价

1. 小组课堂状态综合评价

学生综合得分（教师评定）							
组员姓名							
组内协同							
讨论状况							
解决问题							
课堂纪律							
综合得分							

2. 关键事件记录

课堂好的表现(回答问题):

课堂差的表现(出勤,纪律):

3. 作业成果评价

任务五　建筑剖面图识读

子任务一：识读第二教学楼Ⅰ—Ⅰ、Ⅱ—Ⅱ剖面图

任务名称	识读第二教学楼Ⅰ—Ⅰ、Ⅱ—Ⅱ剖面图		课时	2	日期	
班级		小组		地点		
学习目标	情感	学习读书和求助，体验团队合作，学习表达。				
	技能	掌握建筑剖面图的读图方法和步骤。				
	知识	1. 知道建筑剖面图的形成及表达方式。 2. 掌握剖面图相关内容的表达方法。				

一、学习任务

识读重庆市工业学校第二教学楼Ⅰ—Ⅰ、Ⅱ—Ⅱ剖面图（见图28和图29）。

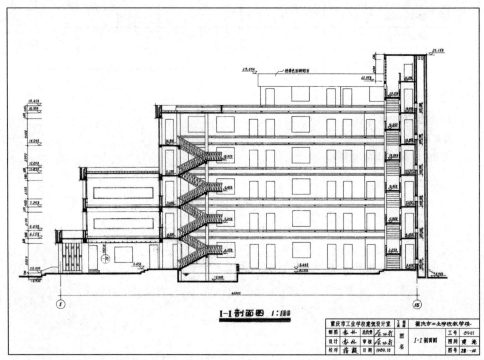

图28

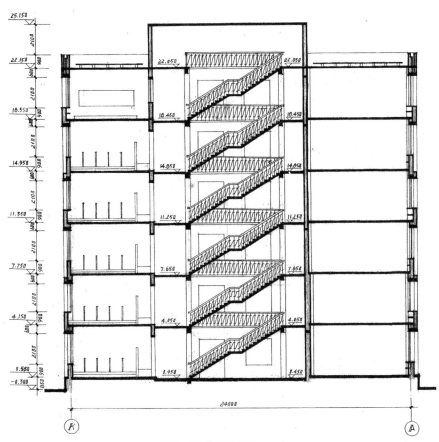

II—II 剖面图 1:100

图 29

二、引导问题

1) 了解图名、图号、比例及文字说明内容。

2) 了解横向轴线及尺寸。

3) 识读高度方向尺寸、标高并弄清楚标志的对象:如楼层高、楼板厚、窗洞高、窗台高、女儿墙标高等; 注意竖向墙厚的变化及墙与轴线的相对位置。

4) 弄清女儿墙花槽构造与尺寸、楼梯结构及尺寸。

5) 注意图线使用。

6）在底层平面图上注明 I—I、II—II 剖切位置。

三、知识讲解

教师借助 PPT/FLASH 等进行相关知识点的讲解，为学生小组识图做好知识准备。

四、分组学习

按引导文内容分组读图，组内讨论解决疑问；对组内没能解决的问题进行记录，展示阶段全班来商讨。

五、成果展示

各组提出本组待解决的问题，其他组抢答。回答问题时尽量说明解决问题的知识点在何处。同学们都不能解决的问题，教师一起来商讨。

六、检查评价

1. 小组课堂状态综合评价。

学生综合得分（教师评定）							
组员姓名							
组内协同							
讨论状况							
解决问题							
课堂纪律							
综合得分							

2. 关键事件记录

课堂好的表现（回答问题）：

课堂差的表现（出勤，纪律）：

3. 作业成果评价

子任务二：抄绘第二教学楼 I—I 剖面图

任务 名称	抄绘第二教学楼 I—I 剖面图		课时	4	日期	
班级		小组		地点		
学习 目标	情感	学习读书和求助,体验团队合作,学习表达。				
	技能	掌握建筑立面图的绘制方法和步骤。 熟练掌握手绘工具的使用。				
	知识	1. 知道绘制建筑立面图的相关知识。 2. 知道手绘建筑立面图的方法和步骤。				

一、学习任务

抄绘第二教学楼 I—I 剖面图(见图28)。

二、引导问题

1)图纸选择与布局——如何让图形布置在图纸正中,紧凑而且简明(防止图纸报废)?

2)读懂图是抄绘图纸的基础,花槽、花台、楼梯尺寸不详处注意参看配套图集中的详图。

3)如何让图纸在正确的基础上更美观? 好习惯:正确选择铅笔种类和画图线的顺序,并保证图纸清洁。

4)正确使用工具。重点注意:图线、图例、尺寸标注、文字注写。

三、布局知识讲解

教师讲解布局知识并借助 CAD 抄绘投影,为学生自行抄图做好知识准备。

四、分组学习讨论

1)如何进行高质量的平面图抄绘?

2)拟定操作步骤和方法。

步骤	内容	描述	注意事项
1			
2			
3			
4			
5			
6			

五、抄绘第二教学楼 I—I 剖面图

六、作品展示

七、检查评价

1. 小组课堂状态综合评价

学生综合得分（教师评定）								
组员姓名								
组内协同								
讨论状况								
解决问题								
课堂纪律								
综合得分								

2. 关键事件记录

课堂好的表现(回答问题):

课堂差的表现(出勤,纪律):

3. 作业成果评价

任务六 建筑详图识读

子任务一：识读第二教学楼详图

任务名称	识读第二教学楼详图		课时	4	日期	
班级		小组		地点		
学习目标	情感	读书和求助，体验团队合作，学习表达。				
	技能	掌握建筑详图的读图方法和步骤。				
	知识	1. 知道建筑详图的形成及表达方式。				
		2. 掌握详图相关内容的表达方法。				

一、学习任务

识读第二教学楼建施图详图。以下两项内容为重点：

1）识读女儿墙、花槽大样图（见图30）

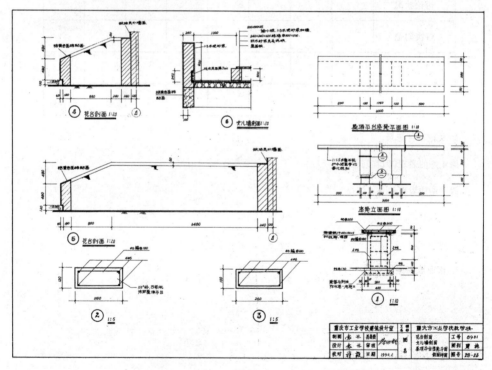

图30

2）识读双跑楼梯、单跑楼梯大样图（见图31和图32）。

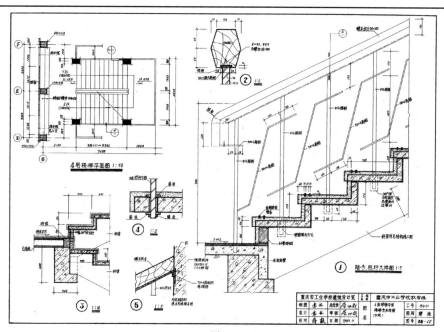

图 31

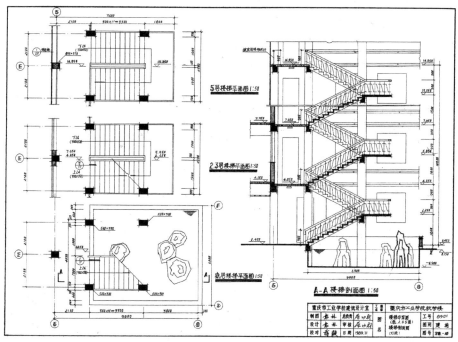

图 32

二、引导问题

(一)墙身详图

1) 找到图号 29-4 之①号轴线(见图 33)。

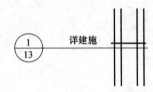

图 33

问:圆圈直径多大?用什么图线绘制?外面的汉字"详建施"和圈内的数字是何含义?该处的具体构造到何处去查阅?

2) 仔细阅读图 34, 思考下列问题。

① 【1】、【3】、【5】各是什么材料?

② 谈谈【2】的含义及沥青的作用。

③ 说明【4】的含义。

④ 针对【6】说说什么叫滴水,做法有何要求。

⑤【7】的构件名称是什么? 用何种材料做成?

⑥【8】的构件名称是什么? 用何种材料做成?

⑦【9】指的是什么? 圆圈直径为多少? 图线是什么? 在图中表达什么意思?

⑧【10】是什么? 其详图是什么?

⑨【11】的标高是结构标高还是建筑标高? 并说出二者的异同。

⑩【12】是什么符号？圆圈直径多少？用什么图线绘制？

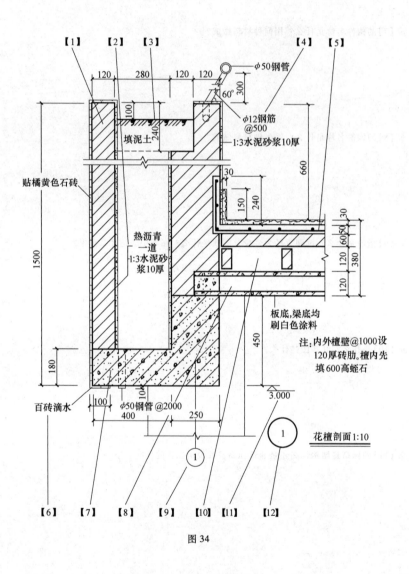

图 34

(二)楼梯详图

阅读图 31 和图 32,注意以下问题:

1)确定四根楼梯承重柱的定型尺寸、定位尺寸和尺寸基准。

2)确定楼梯的结构类型、每层楼梯间的开间和进深,每层楼梯的段数、每一个梯段的步数和梯板的结构厚度、梯步踏面宽度和踏步高度、起始梯步的定位尺寸等。

3)二、三、四层楼梯为何分开表达?

4)确定栏杆和扶手的材料、尺寸以及栏杆与梯板、栏杆与扶手的连接形式。

(三)其他详图

配套图集还配有其他大量详图,如教室、洗手间、教休室、阶梯教室的构件和家具配置、大厅及阶梯教室吊顶、勒脚、花台、花池、隔断的构造等,请同学们课后抽时间仔细阅读,疑问之处可和教师探讨。

三、知识讲解

教师借助 PPT/FLASH 进行相关知识点的讲解,为学生小组识图做好知识准备。

四、分组学习

按引导文内容分组读图,组内讨论解决疑问;对组内没能解决的问题进行记录,展示阶段全班来商讨。

五、成果展示

各组提出本组待解决的问题,其他组抢答。回答问题时尽量说明解决问题的知识点在何处。同学们都不能解决的问题,教师一起来商讨。

六、检查评价

1. 小组课堂状态综合评价

各组解决问题（成果展示）得分（教师评定）							
组别							
问题1							
问题2							
综合得分							
各组综合得分（教师评定）							
组员姓名							
组内协同							
讨论状况							
解决问题							
课堂纪律							
综合得分							

2. 关键事件记录

课堂好的表现（回答问题）：

课堂差的表现（出勤,纪律）：

3. 作业成果评价

子任务二：抄绘第二教学楼双跑楼梯详图

任务 名称	抄绘第二教学楼双跑楼梯详图		课时	4	日期	
班级		小组		地点		
学习 目标	情感	学习读书和求助，体验团队合作，学习表达。				
	技能	掌握建筑立面图的绘制方法和步骤。 熟练掌握手绘工具的使用。				
	知识	1. 知道绘制建筑立面图的相关知识。 2. 知道手绘建筑立面图的方法和步骤。				

一、学习任务

抄绘第二教学楼双跑楼梯平面图和剖面图（见图31）。

二、引导问题

1）读懂原图，不留死角。抄绘建筑施工图，必须忠实于原设计思想，跟美术创作是两种完全不同的情况，没有自由发挥的空间。所以必须要读懂原图，不能似是而非，只要有一个符号、一条线没弄明白就不能草率下笔。

2）通盘思考，正确布局。因为内容较多，原图布局较为紧凑，周围留白较少，如果不仔细思考规划，很容易因为内容布置没居中而导致图纸表达不完整，或周围留白不均匀，这些均容易引起图纸报废，工作重做。所以布局是大事，下笔前应通盘筹划。

3)思路清晰,下笔谨慎。下笔前对抄绘过程要有整体安排,如铅笔的选用、内容的先后、加粗的顺序等。做到成竹在胸,有序推进抄绘工作。

4)习惯良好,图面整洁。"字如其人",是说从写字能反映出一个人的许多特质,说图如其人更加妥贴,因为工程图内容更多,完成工程图所需的时间更长,付出也更多,所以相比写字而言反映人的特质更加全面。画图第一保证内容正确,发现错误要及时更改,绝不拖延;第二保持图面整洁,让人轻松识读,这需要绘图者有良好的作图习惯和严谨的工作作风。而工程图抄绘正是训练这些优良特质的途径之一。

三、布局知识讲解

教师讲解布局知识并借助 CAD 抄绘投影,为学生自行抄图做好知识准备。

四、分组学习讨论

1)如何进行高质量的平面图抄绘?

2)拟定操作步骤和方法。

步骤	内容	描述	注意事项
1			
2			
3			
4			
5			
6			

五、抄绘双跑楼梯详图

六、作品展示

七、检查评价

1. 小组课堂状态综合评价

学生综合得分(教师评定)								
组员姓名								
得分								

2. 关键事件记录

课堂好的表现(回答问题):

课堂差的表现(出勤,纪律):

3. 作业成果评价

建筑施工图识读图集

机 械 工 业 出 版 社

图纸目录

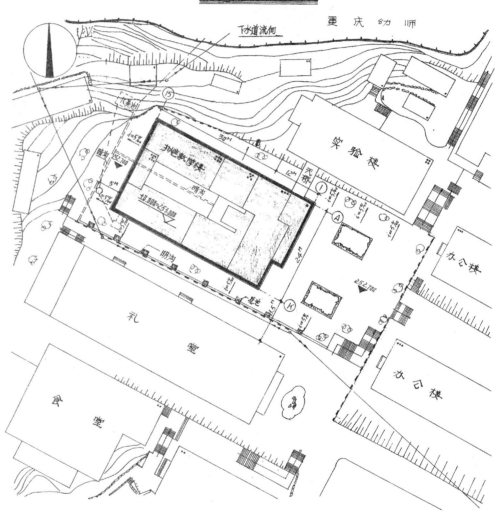

总平面图 1:500

重庆市工业学校建筑设计室

工程名称	重庆市工业学校教学楼		
制图	袁林	总负责	原功战
设计	袁林	审核	原功战
校对	蒋敏	日期	1989.11

图名 图纸目录 总平面图

工号 8901

图别 建施

图号 28-1

Ⅲ

重庆市工业学校建筑设计室		工程名称	重庆市工业学校教学楼		
制图	袁林	总负责	苏小成	图名	透视图	工号	8901
设计	袁林	审核				图别	施初
校对	蒋毅	日期	1989.10			图号	

1

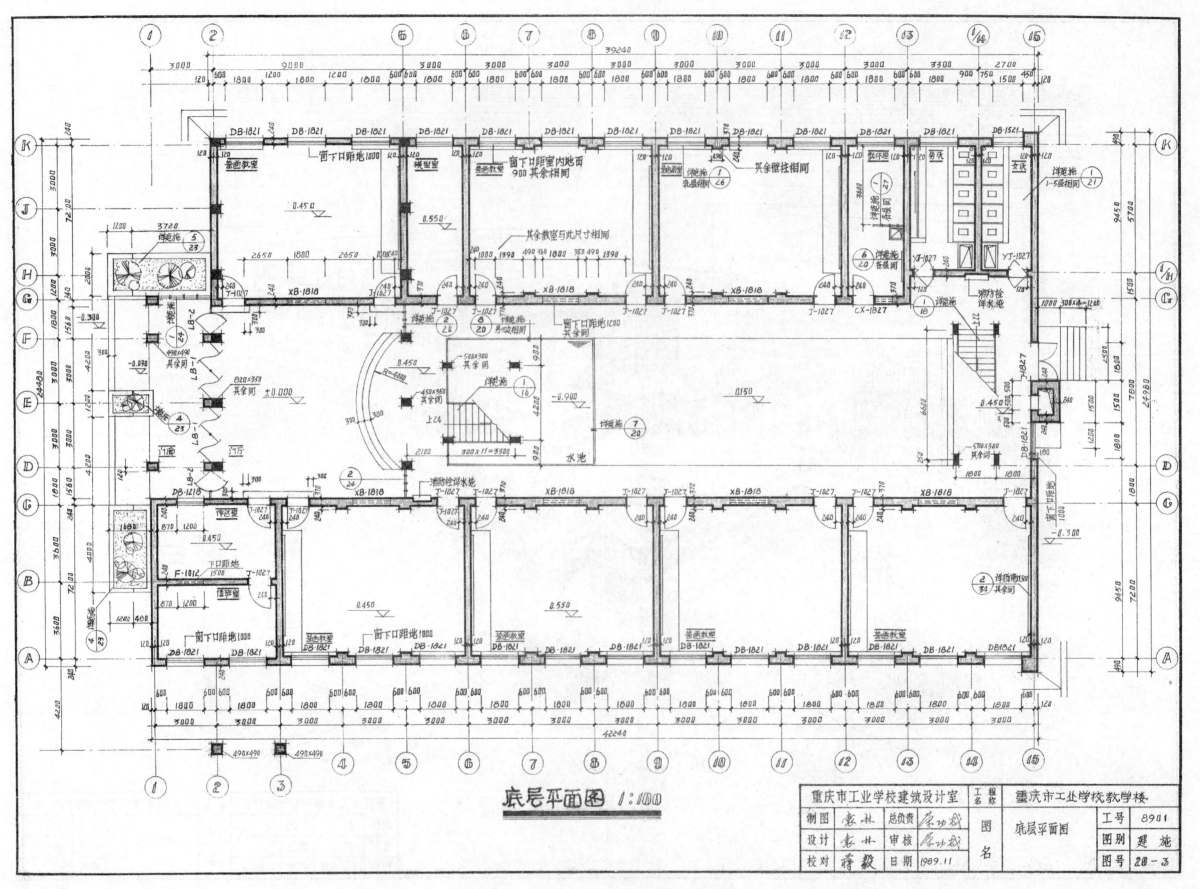

底层平面图 1:100

重庆市工业学校建筑设计室		工程名称	重庆市工业学校教学楼	
制图	素林	总负责	康功战	图名
设计	素林	审核	康功战	底层平面图
校对	静毅	日期	1989.11	

工号 8901
图别 建施
图号 20-3

2

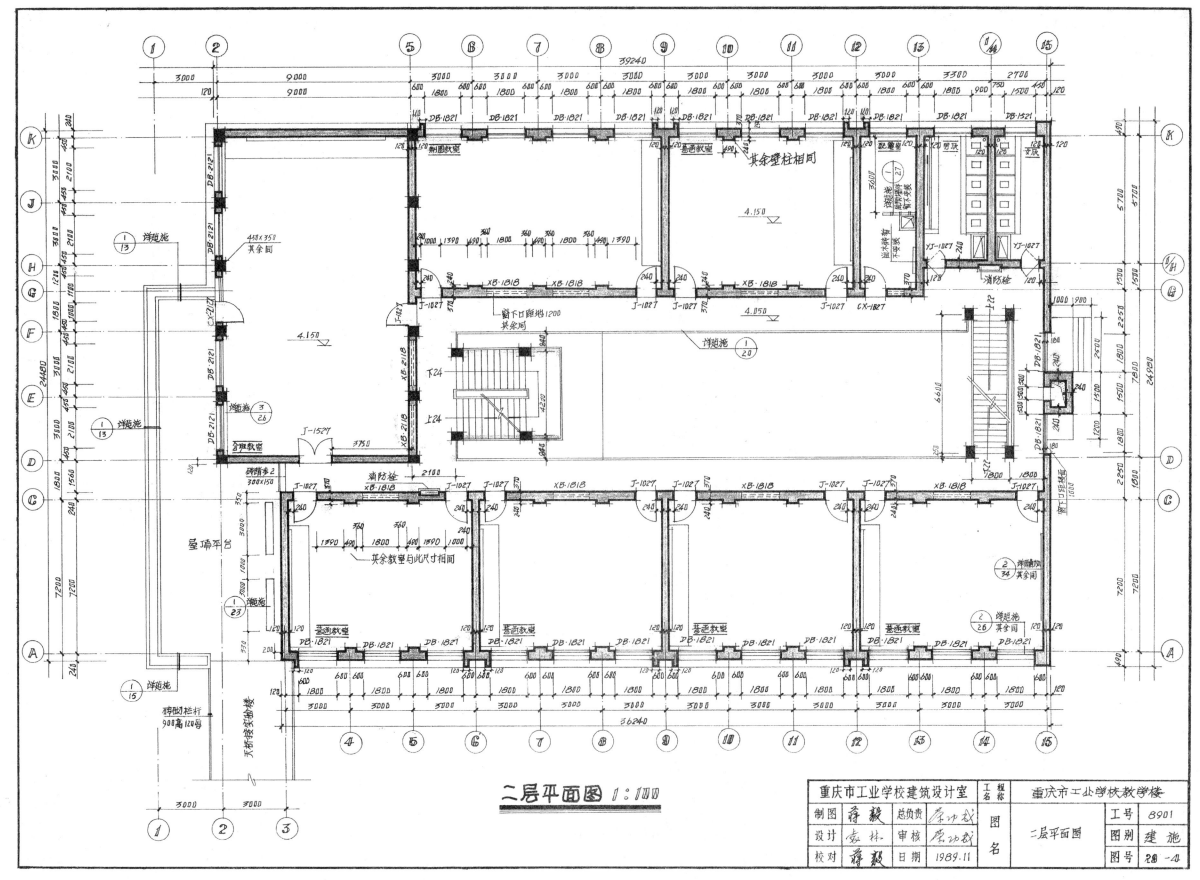

二层平面图 1:100

重庆市工业学校建筑设计室		工程名称	重庆市工业学校教学楼		工号	8901
制图	静毅	总负责	蔡功载	图名		
设计	宏林	审核	屈功载		二层平面图	图别	建施
校对	静毅	日期	1989.11			图号	28-4

3

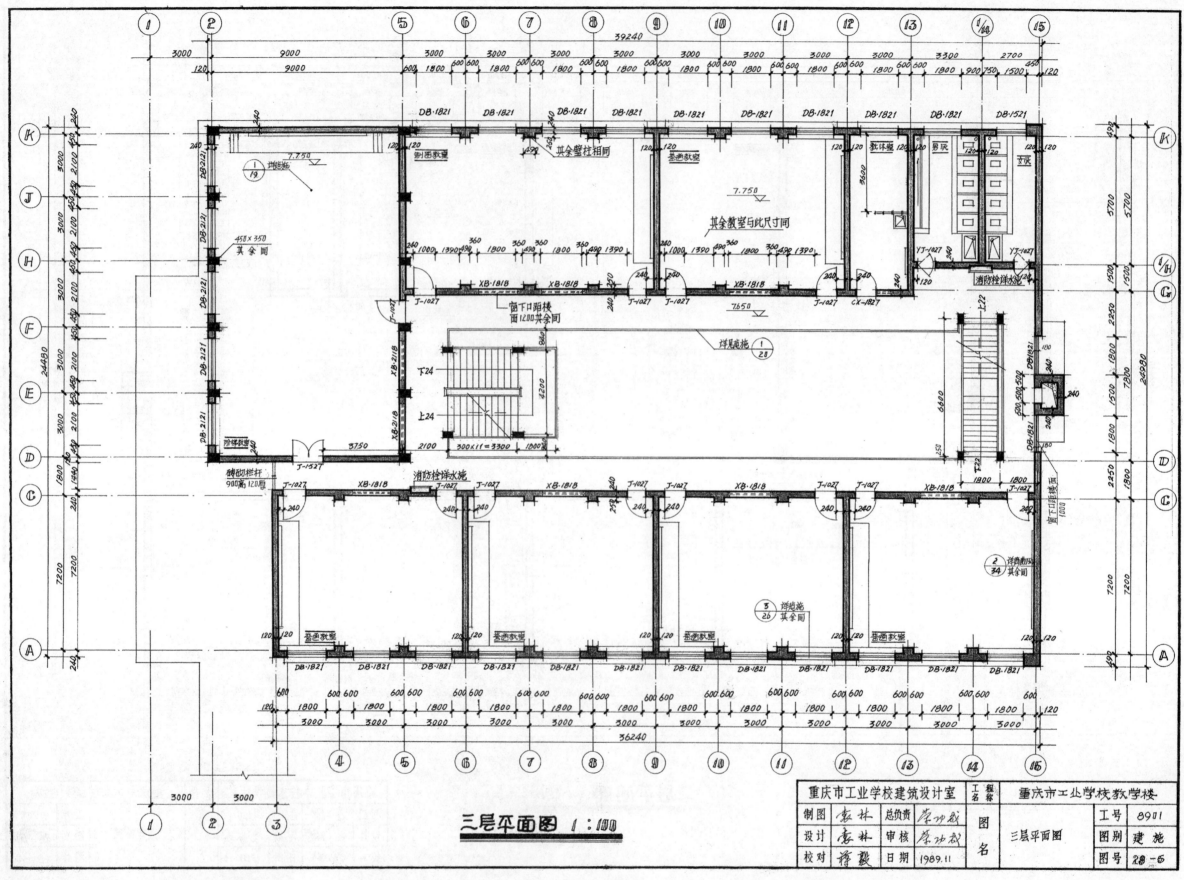

三层平面图 1:100

重庆市工业学校建筑设计室

					重庆市工业学校教学楼	
制图	袁林	总负责	蔡功裁	图名		工号 8901
设计	袁林	审核	蔡功裁		三层平面图	图别 建施
校对	蒋毅	日期	1989.11			图号 28-6

4

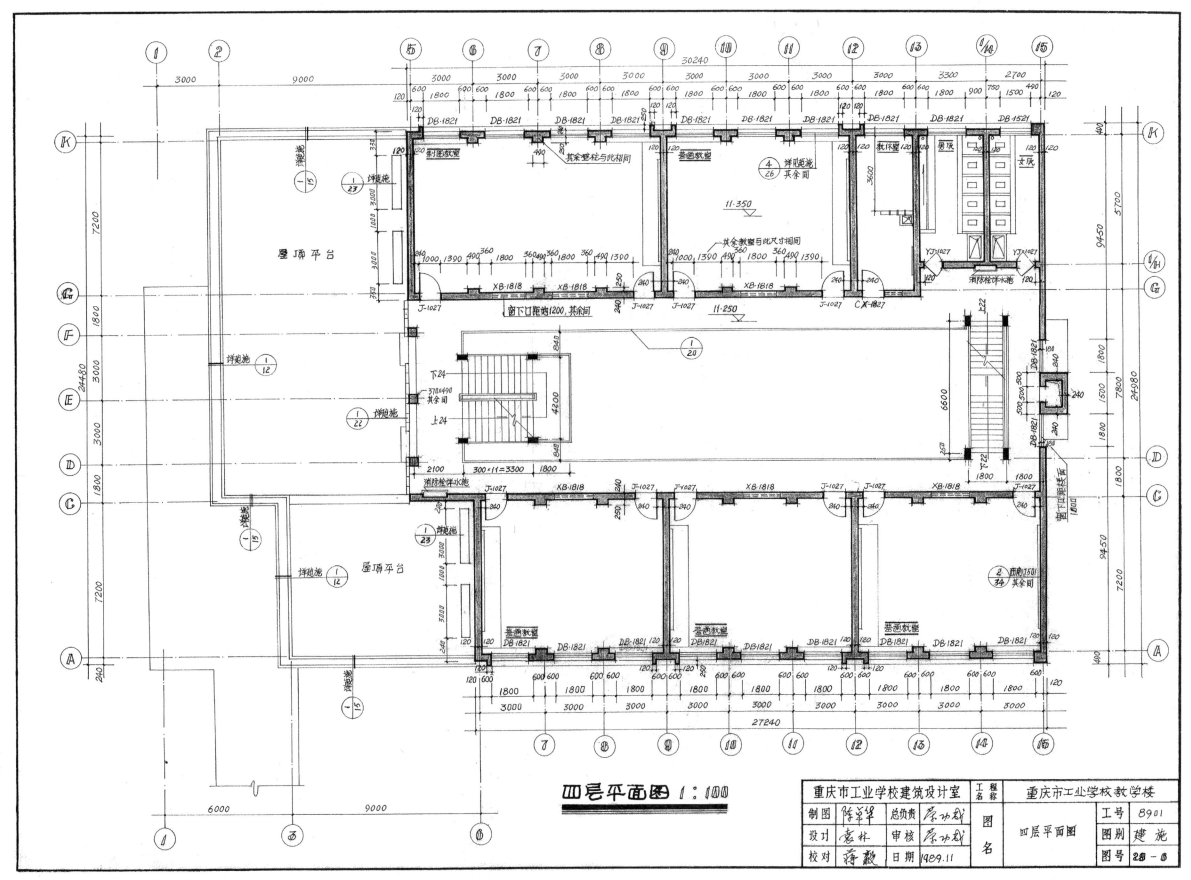

四层平面图 1:100

重庆市工业学校建筑设计室	工程名称	重庆市工业学校教学楼	
制图 陈华华	总负责 原功成		工号 8901
设计 嘉林	审核 原功成	图名 四层平面图	图别 建施
校对 蒋毅	日期 1989.11		图号 29-6

5

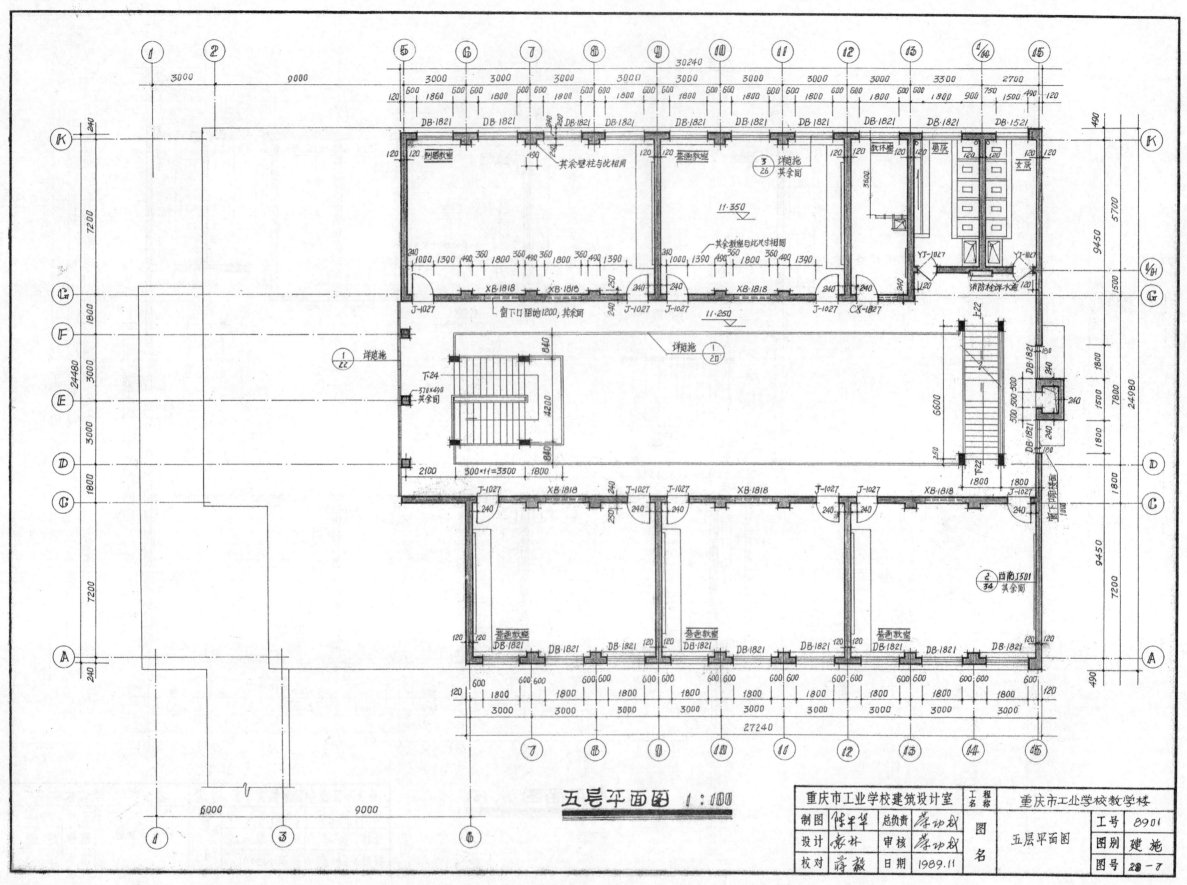

五层平面图 1:100

重庆市工业学校建筑设计室		工程名称	重庆市工业学校教学楼		
制图	陈平华	总负责	蒋功成	图名	五层平面图
设计	袁林	审核	蒋功成		
校对	蒋毅	日期	1989.11		

工号 8901
图别 建施
图号 2⑧-7

6

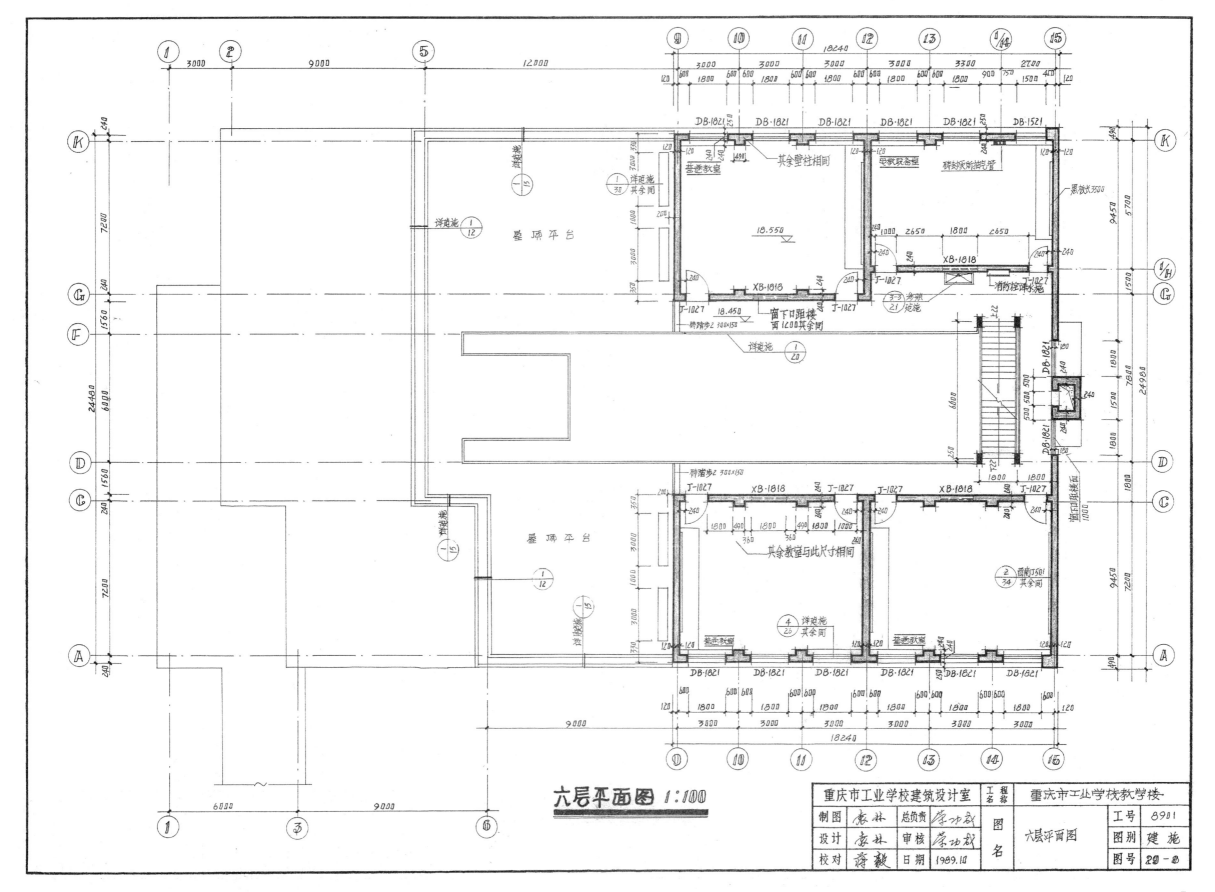

六层平面图 1:100

重庆市工业学校建筑设计室		工程名称	重庆市工业学校教学楼		
制图	袁林	总负责	蒙功权	图名	工号 8901
设计	袁林	审核	蒙功权		图别 建施
校对	蒋毅	日期	1989.10	六层平面图	图号 29-②

7

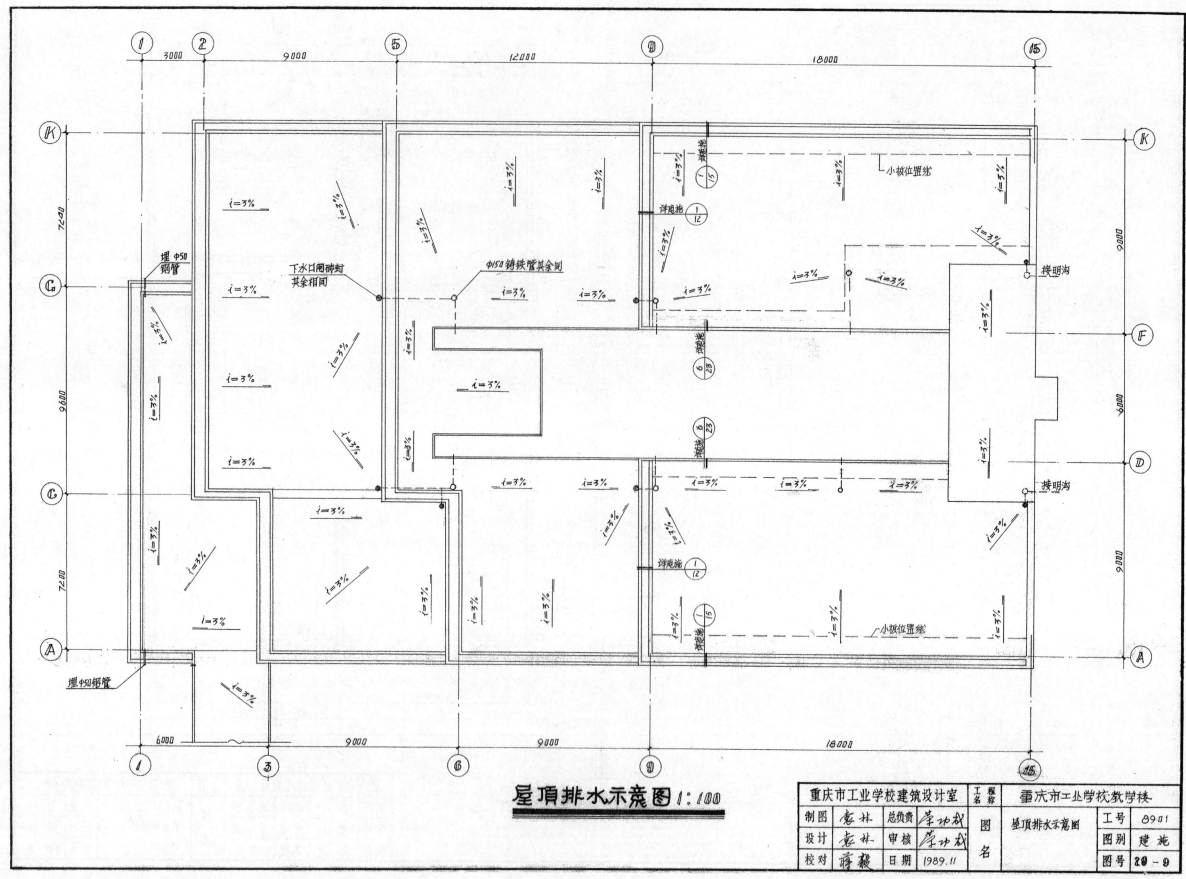

屋顶排水示意图 1:100

重庆市工业学校建筑设计室		工程名称	重庆市工业学校教学楼		
制图	惠林	总负责	蒋功成	图名	屋顶排水示意图
设计	惠林	审核	蒋功成		工号 8901
校对	静毅	日期	1989.11		图别 建施
					图号 20-9

8

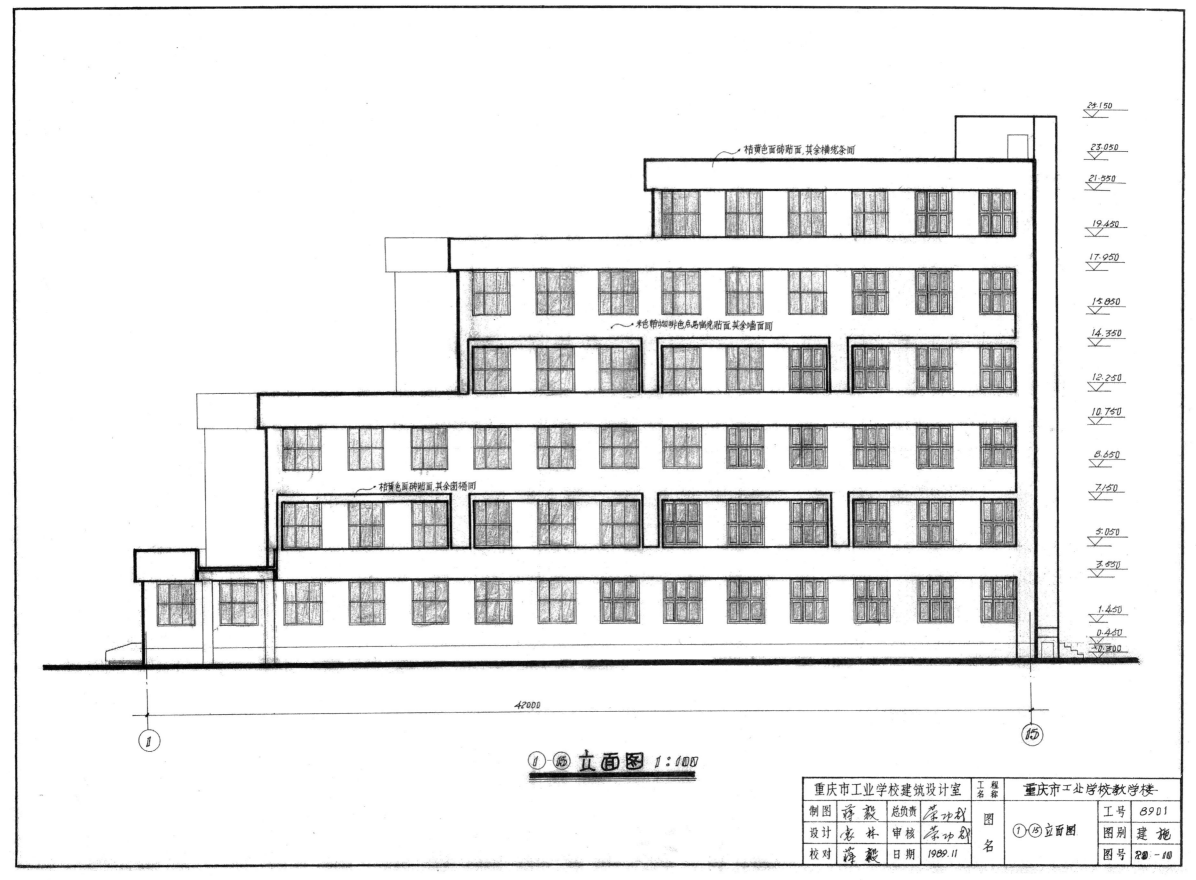

桔黄色面砖贴面,其余横缝条间

半色弹咖啡色点马赛克贴面,其余墙面同

桔黄色面砖贴面,其余围楷同

25.150
23.050
21.550
19.450
17.950
15.850
14.350
12.250
10.750
8.650
7.150
5.050
3.550
1.450
0.450
-0.300

42000

①-⑮立面图 1:100

重庆市工业学校建筑设计室		工程名称	重庆市工业学校教学楼		
制图	薛毅	总负责	荣功则	图名	①-⑮立面图	工号	8901
设计	袁林	审核	荣功则			图别	建施
校对	薛毅	日期	1989.11			图号	29-10

9

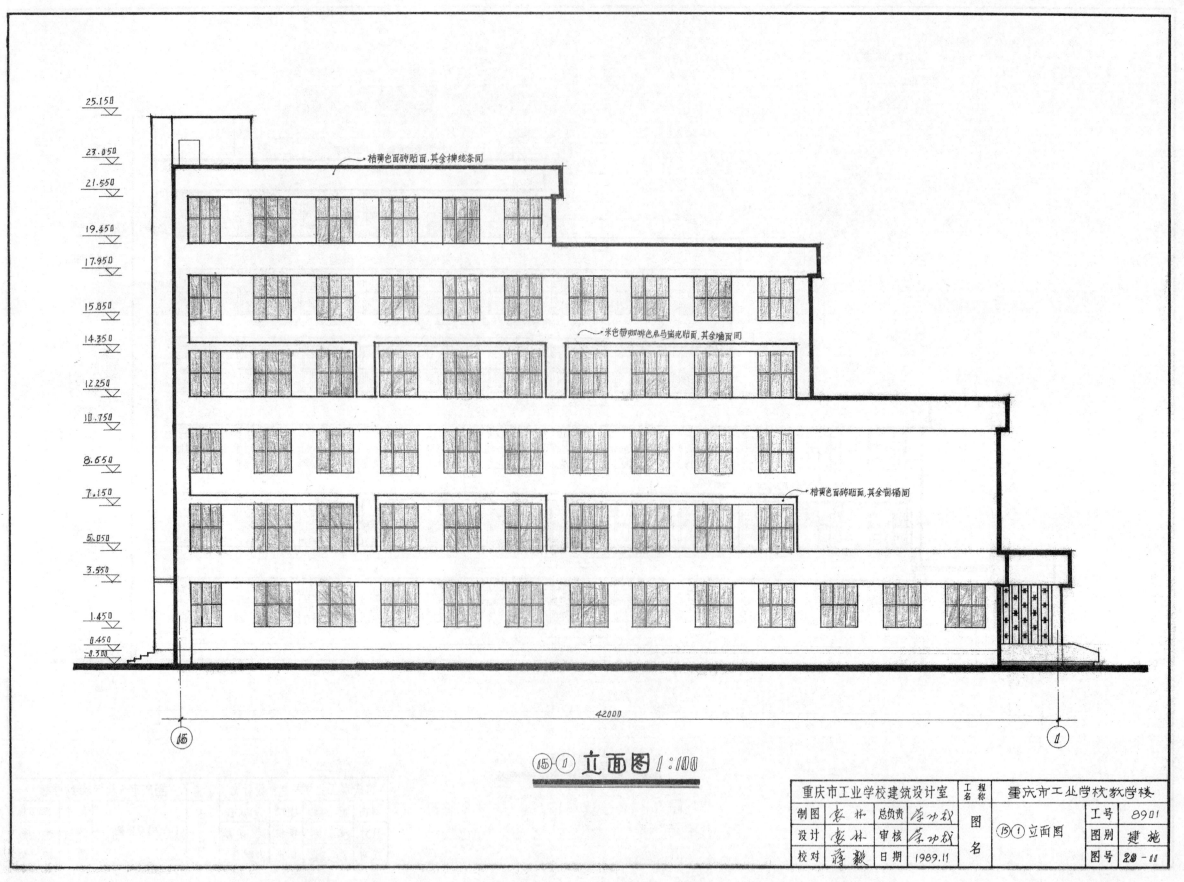

25.150

23.050

21.550

19.450

17.950

15.850

14.350

12.250

10.750

8.650

7.150

5.050

3.550

1.450

0.450
-0.300

桔黄色面砖贴面，其余横缝条间

米色带咖啡色点马赛克贴面，其余墙面间

桔黄色面砖贴面，其余间稿间

42000

⑮-① 立面图1:100

重庆市工业学校建筑设计室		工程名称	重庆市工业学校教学楼		
制图	袁林	总负责	荣功栽	图名 ⑮①立面图	工号 8901
设计	袁林	审核	荣功栽		图别 建施
校对	薛毅	日期 1989.11			图号 20-11

10

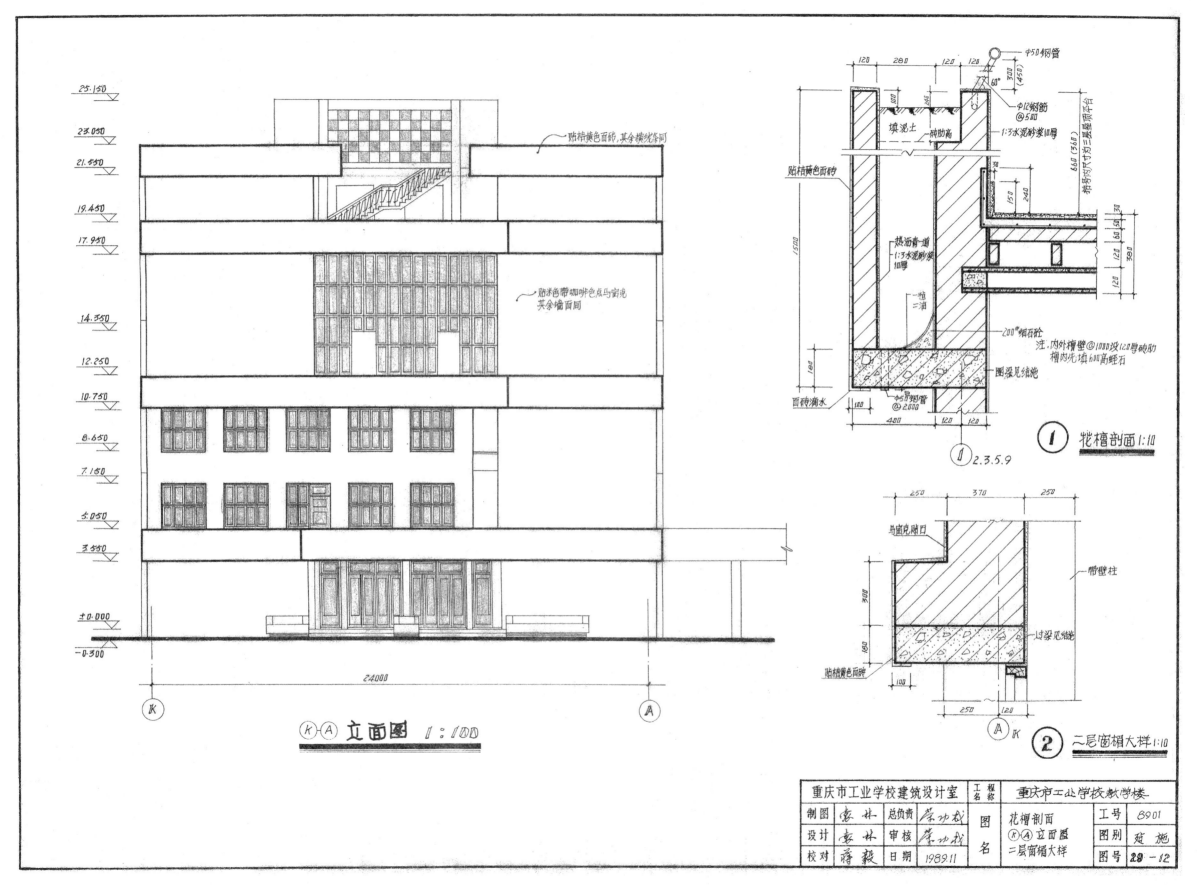

贴桔黄色面砖,其余横纹条同

贴浅色带咖啡色点马赛克其余墙面同

⌀50钢管

⌀12钢筋@500

填混土

砖肋高

1:3水泥砂浆10厚

贴桔黄色面砖

热沥青道
1:3水泥砂浆10厚

一毡二油

200#细石砼

面砖滴水

⌀5钢管@2000

注:内外檐壁@1000没120厚砖肋,槽内先填600高蛭石

圈梁见结施

标号尺寸均为三层屋顶平台

① 花檐剖面 1:10

① 2.3.5.9

马赛克贴面

带壁柱

过梁见结施

贴桔黄色面砖

② 二层面檐大样 1:10

Ⓚ-Ⓐ 立面图 1:100

24000

25.150
23.050
21.550
19.450
17.950
14.350
12.250
10.750
8.650
7.150
5.050
3.550
±0.000
-0.300

重庆市工业学校建筑设计室

				工程名称	重庆市工业学校教学楼		
制图	袁林	总负责	蒋功戈	图名	花檐剖面 Ⓚ-Ⓐ立面图 二层面檐大样	工号	8901
设计	袁林	审核	蒋功戈			图别	建施
校对	蒋毅	日期	1989.11			图号	29-12

11

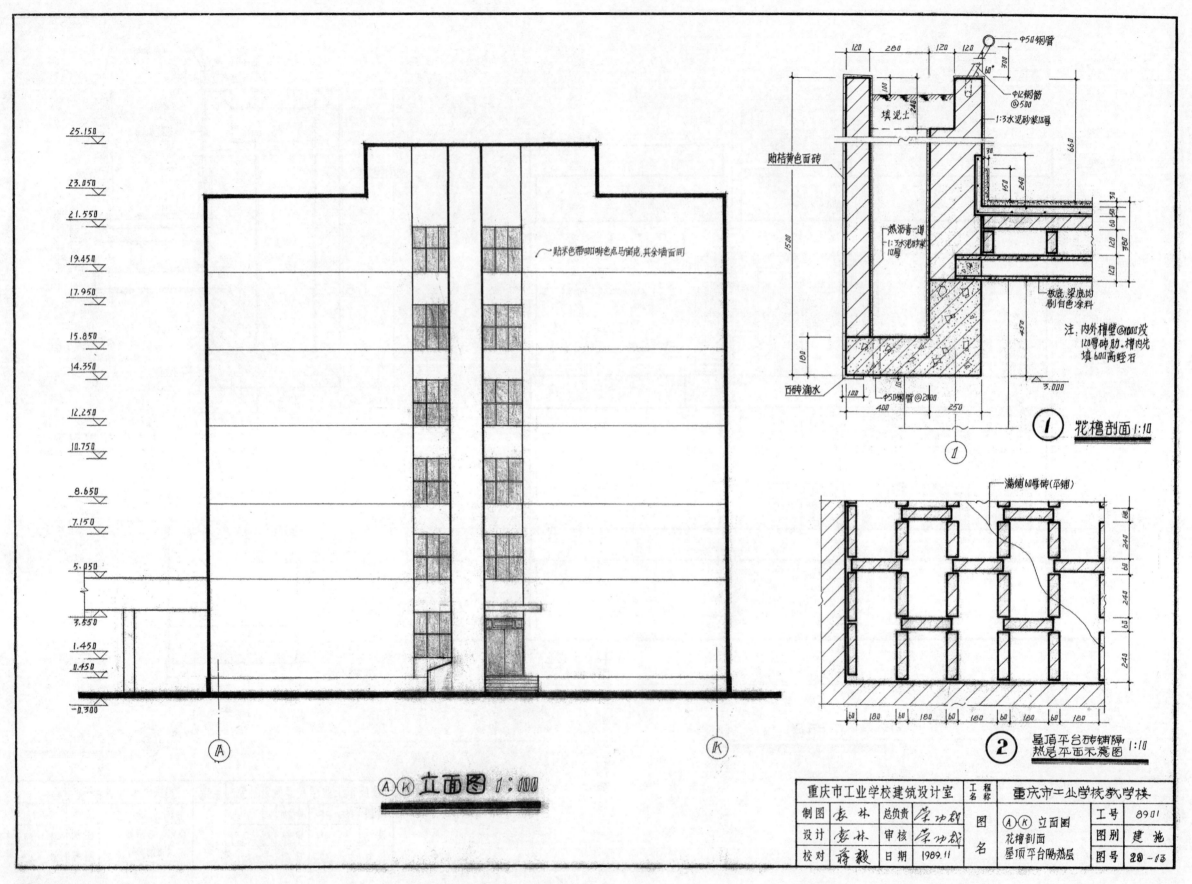

贴米色带咖啡色点马赛克,其余墙面同

25.150
23.050
21.550
19.450
17.950
15.850
14.350
12.250
10.750
8.650
7.150
5.050
3.550
1.450
0.450
-0.300

Ⓐ   Ⓚ

Ⓐ Ⓚ 立面图 1:100

贴桔黄色面砖
Φ50钢管
Φ12钢筋 @500
填混土
1:3水泥砂浆10厚
热沥青一道
1:3水泥砂浆10厚
板底,梁底均刷白色涂料
注:内外槽壁@1000设120厚砖肋,槽内先填600厚碎石
瓦砖滴水
Φ50钢管@2000

① 花槽剖面 1:10

满铺60厚砖(平铺)

② 屋顶平台砖铺隙热层平面示意图 1:10

重庆市工业学校建筑设计室		工程名称	重庆市工业学校教学楼	
制图	秦林	总负责 荣功毅	图名 Ⓐ Ⓚ 立面图 花槽剖面 屋顶平台隔热层	工号 8901
设计	秦林	审核 荣功毅		图别 建施
校对	蒋毅	日期 1989.11		图号 28-13

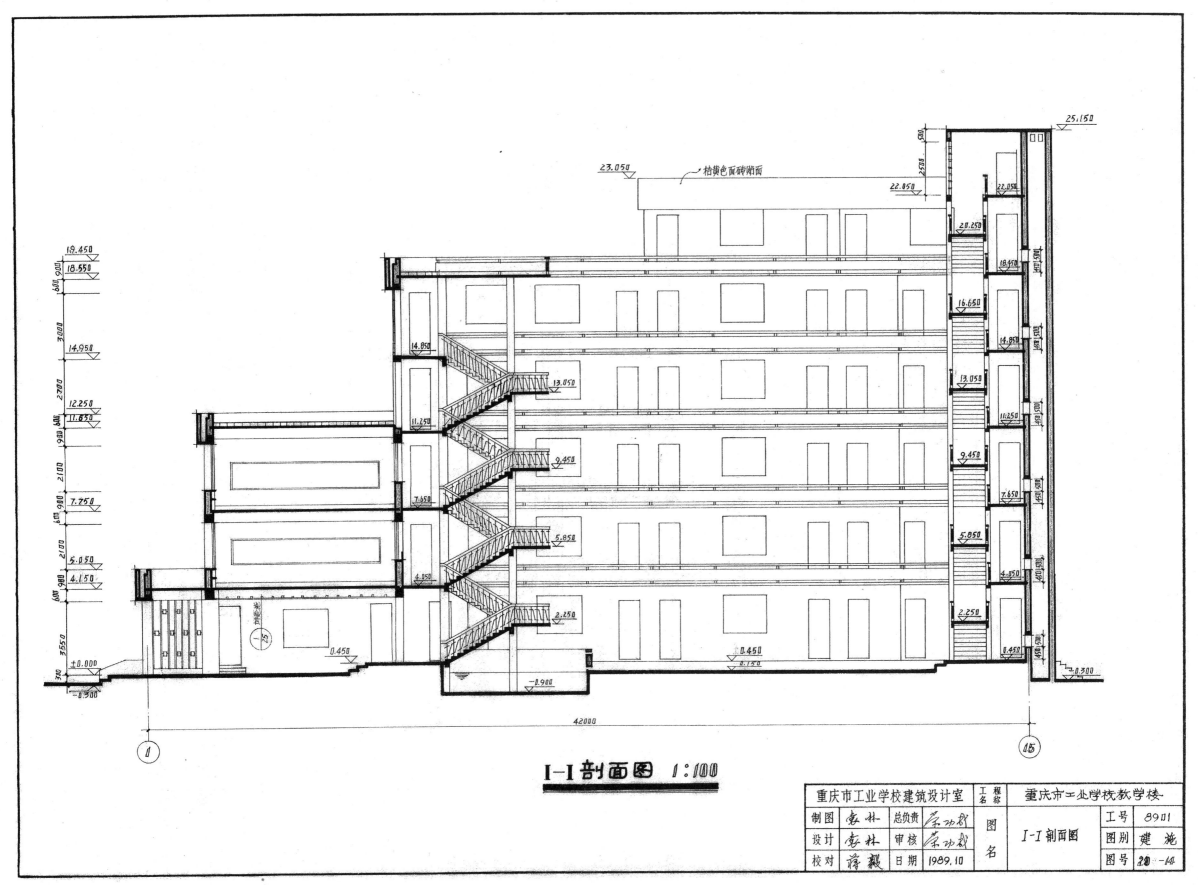

I-I剖面图 1:100

重庆市工业学校建筑设计室		工程名称	重庆市工业学校教学楼		
制图	袁林	总负责	荣功裁	图名	I-I剖面图	工号	8901
设计	袁林	审核	荣功裁			图别	建施
校对	薛毅	日期	1989.10			图号	20-14

桔黄色面砖贴面

13

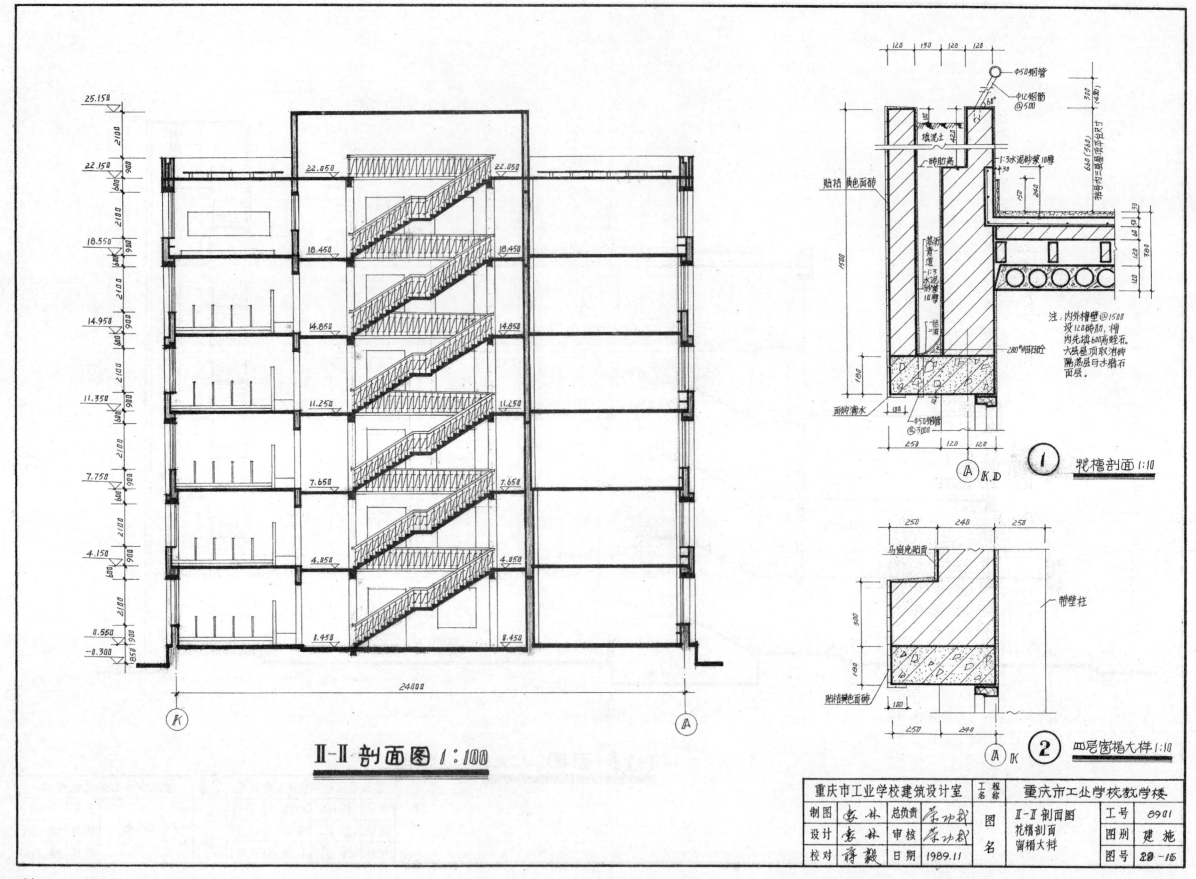

Ⅱ-Ⅱ 剖面图 1:100

① 牝槽剖面 1:10

② 四层窗楣大样 1:10

重庆市工业学校建筑设计室		工程名称	重庆市工业学校教学楼	
制图	袁林	总负责	荣功成	图名 Ⅱ-Ⅱ剖面图 花槽剖面 窗楣大样	工号 8901
设计	袁林	审核	荣功成		图别 建施
校对	静毅	日期	1989.11		图号 2S-16

14

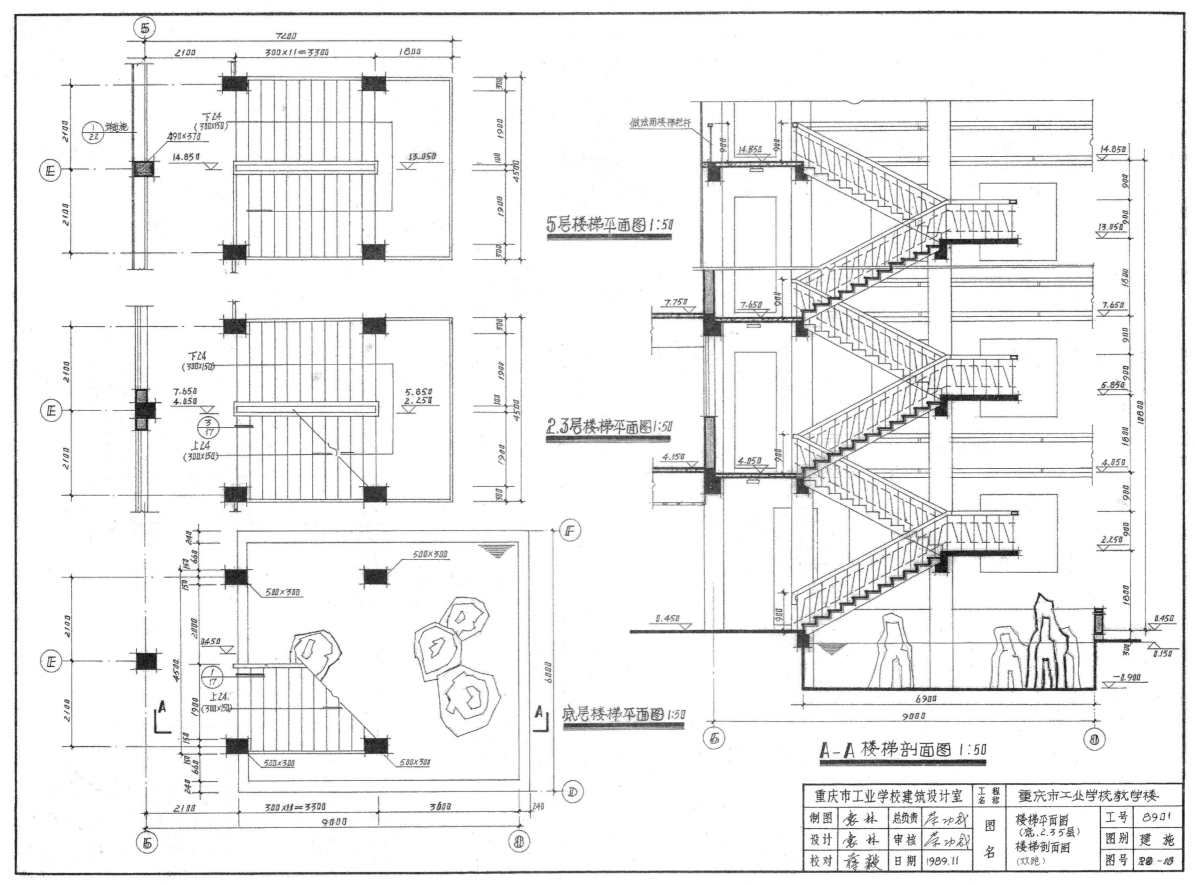

5层楼梯平面图 1:50

2.3层楼梯平面图 1:50

底层楼梯平面图 1:50

A-A 楼梯剖面图 1:50

重庆市工业学校建筑设计室		工程名称	重庆市工业学校教学楼		
制图	袁林	总负责	蔡功成	图名	楼梯平面图(底.2.3.5层)楼梯剖面图(双跑)
设计	袁林	审核	蔡功成		
校对	静毅	日期	1989.11		

工号 8901
图别 建施
图号 2D-16

15

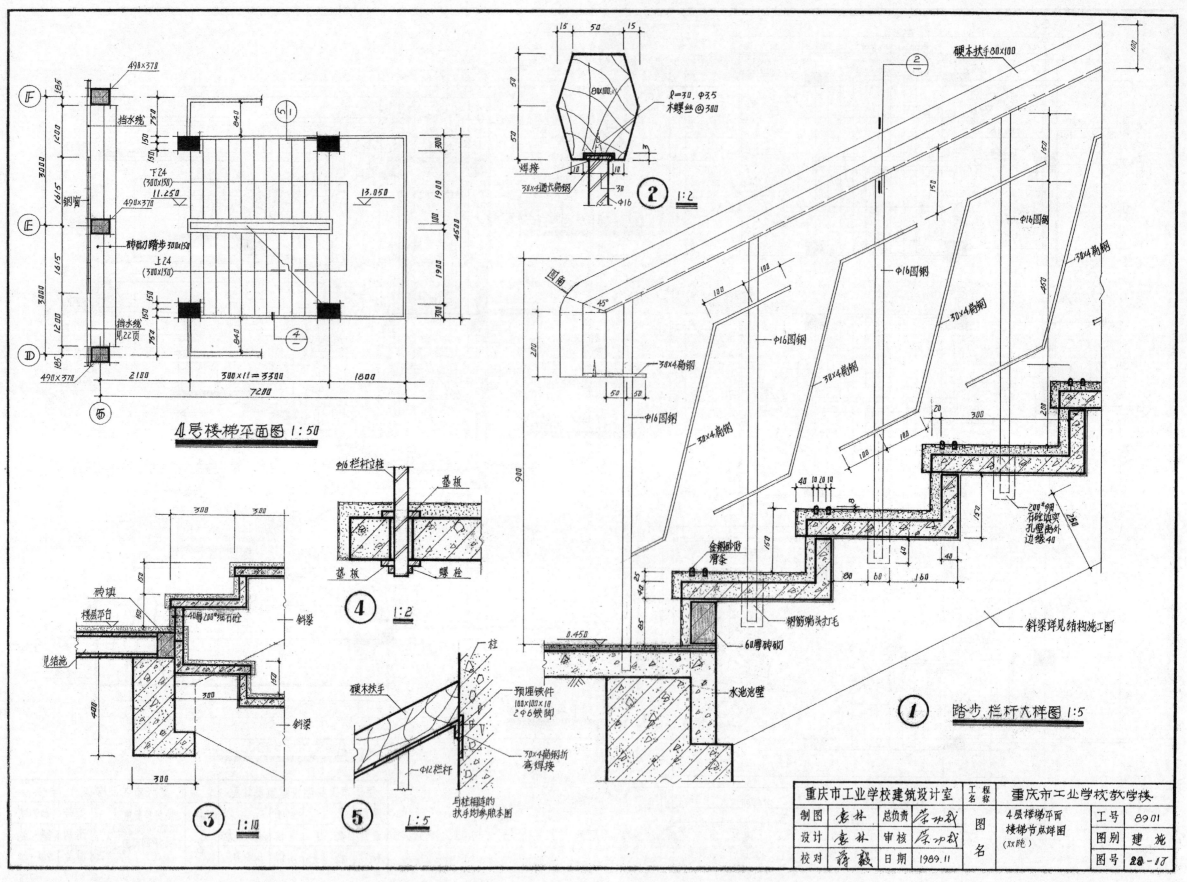

4层楼梯平面图 1:50

① 踏步、栏杆大样图 1:5

② 1:2

③ 1:10

④ 1:2

⑤ 1:5

重庆市工业学校建筑设计室		工程名称	重庆市工业学校教学楼
制图	惠林	总负责 荣功成	图名 4层楼梯平面 楼梯节点详图 (XX跑)
设计	惠林	审核 荣功成	
校对	蒋毅	日期 1989.11	

工号 89.01
图别 建施
图号 28-18

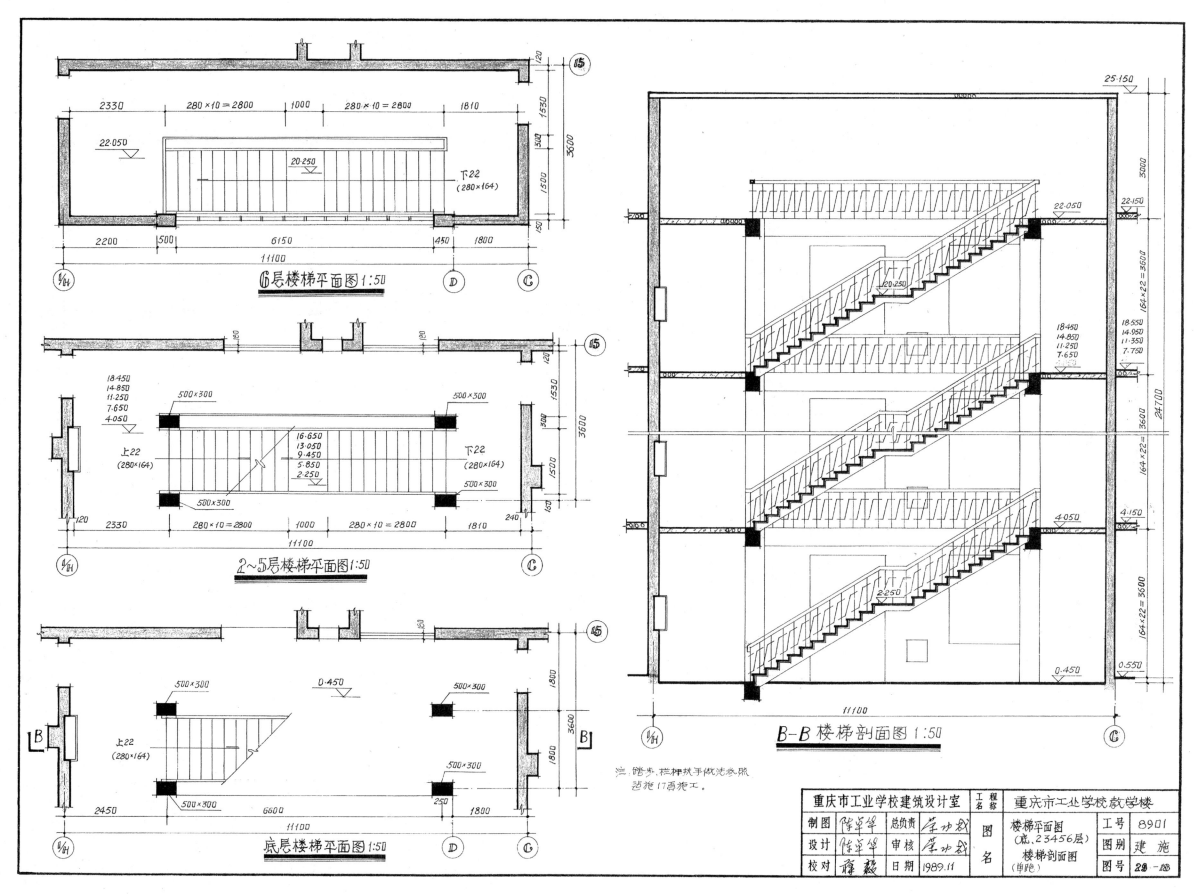

6层楼梯平面图 1:50

2~5层楼梯平面图 1:50

底层楼梯平面图 1:50

B-B 楼梯剖面图 1:50

注：踏步、栏杆扶手做法参照
西施17再施工。

重庆市工业学校建筑设计室		工程名称	重庆市工业学校教学楼		
制图	陈幸华	总负责	莘功城	图名	楼梯平面图（底,23456层）楼梯剖面图（单跑）
设计	陈幸华	审核	莘功城		
校对	羅毅	日期	1989.11		
				工号	8901
				图别	建施
				图号	23-18b

17

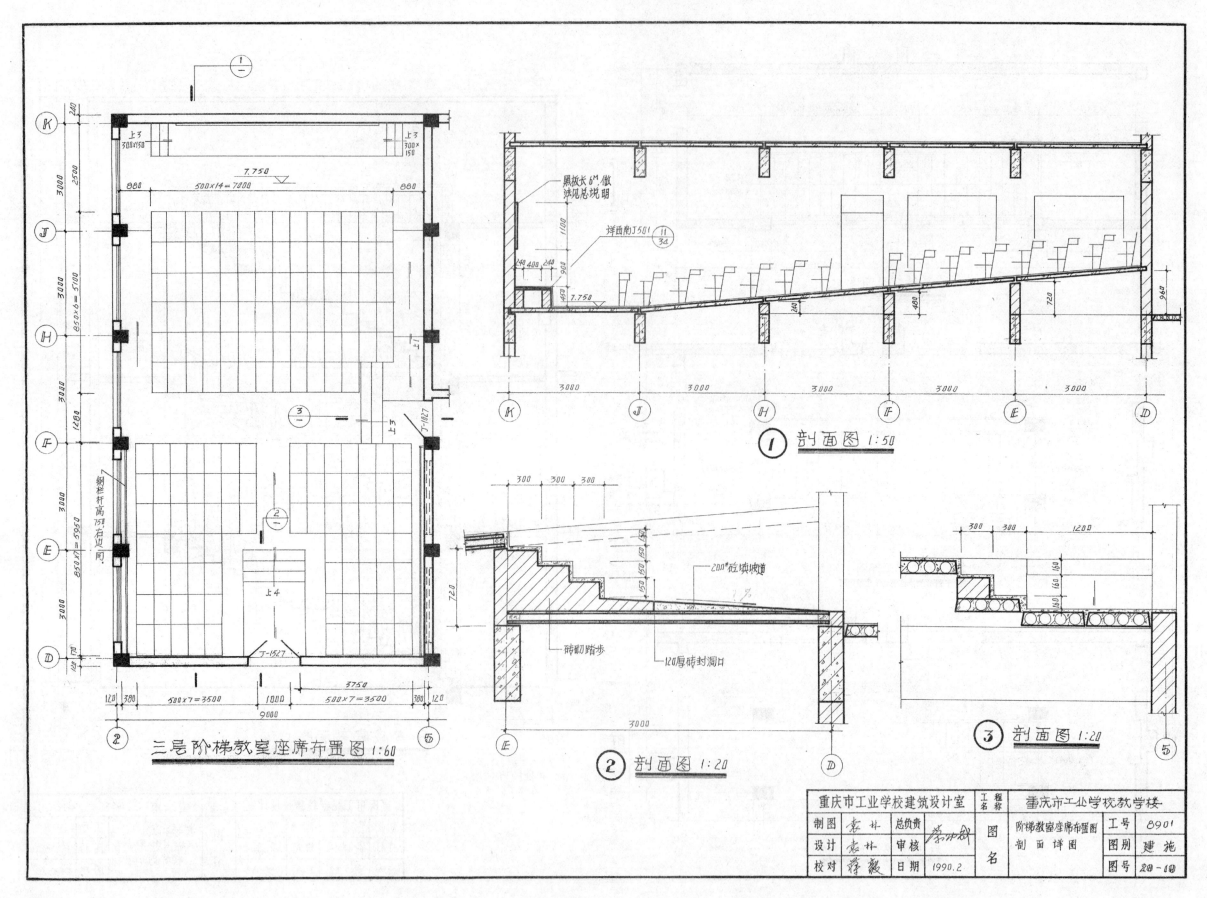

三号阶梯教室座席布置图 1:60

① 剖面图 1:50

② 剖面图 1:20

③ 剖面图 1:20

重庆市工业学校建筑设计室		工程名称	重庆市工业学校教学楼		
制图	嘉林	总负责	蔡小成	图名	阶梯教室座席布置图 剖面详图
设计	嘉林	审核			
校对	群毅	日期	1990.2		

工号 8901
图别 建施
图号 2B-19

18

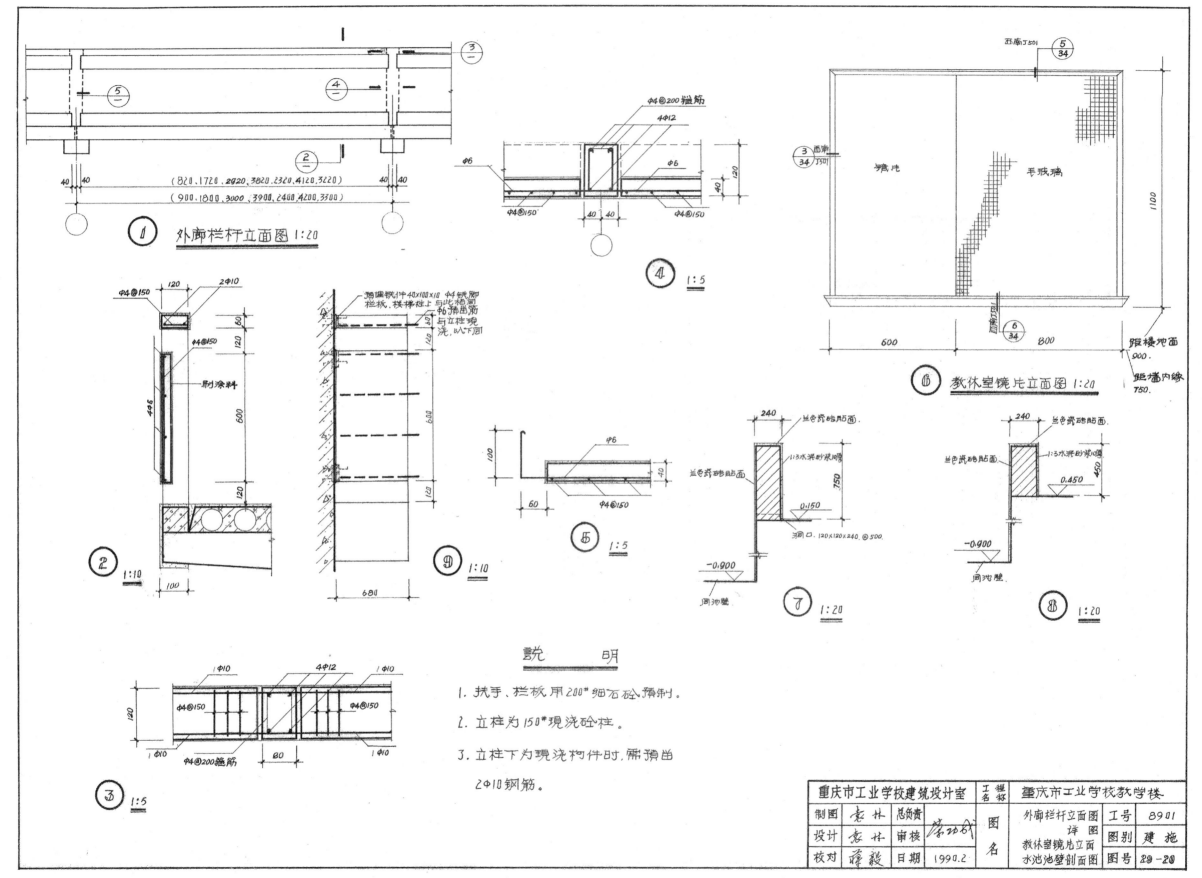

① 外廊栏杆立面图 1:20

(820、1720、2920、3820、2320、4120、3220)
(900、1800、3000、3900、2400、4200、3300)

④ 1:5

⑥ 教休室镜片立面图 1:20

② 1:10

⑨ 1:10

⑤ 1:5

⑦ 1:20

⑧ 1:20

③ 1:5

说　明

1. 扶手、栏板用200#细石砼预制。

2. 立柱为150#现浇砼柱。

3. 立柱下为现浇构件时,需预出
　2Φ10钢筋。

重庆市工业学校建筑设计室		工程名称	重庆市工业学校教学楼	
制图	袁林	总负责	外廊栏杆立面图 详图 教休室镜片立面 水池池壁剖面图	工号 8901
设计	袁林	审核		图别 建施
校对		日期 1990.2		图号 29-20

19

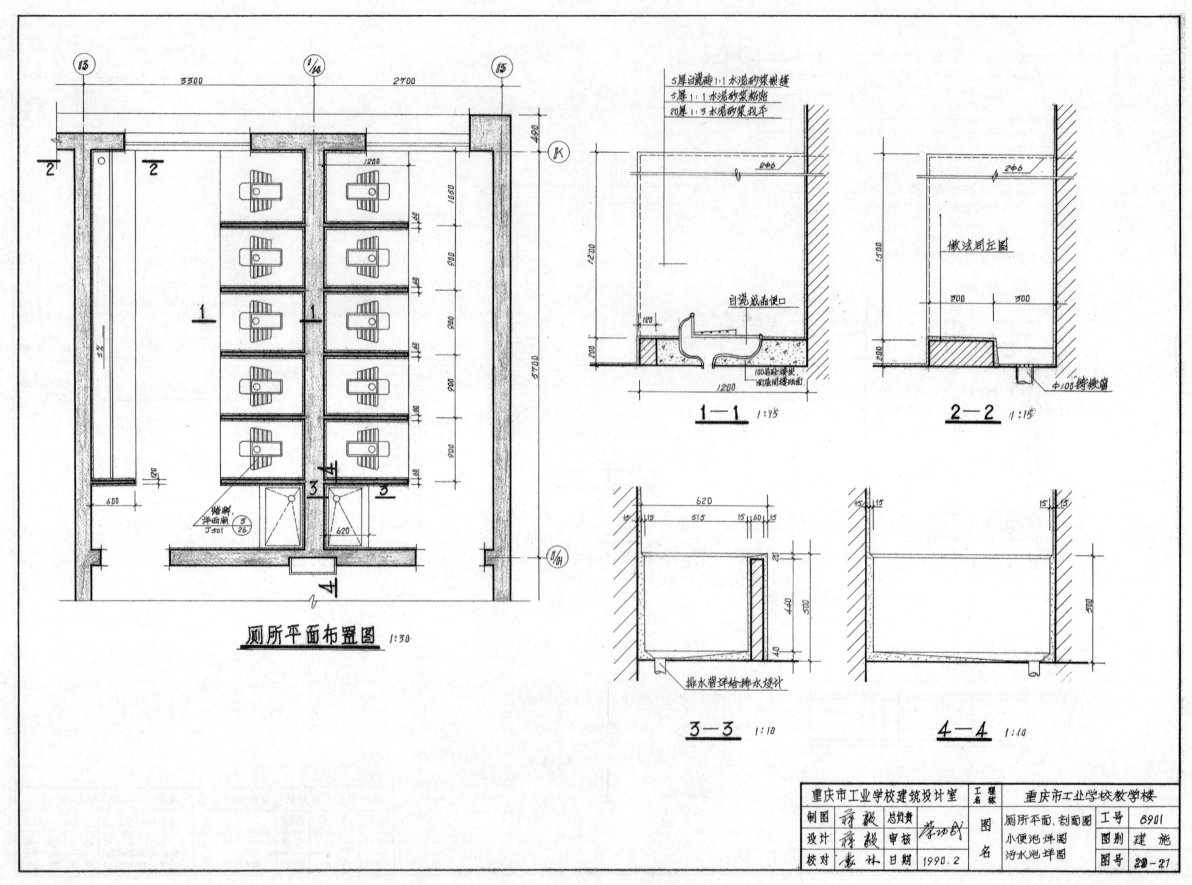

厕所平面布置图 1:30

5厚白瓷砖1:1水泥砂浆镶贴
5厚1:1水泥砂浆粘贴
20厚1:3水泥砂浆找平

白瓷成品便口

100厚砂垫层
回填同楼地面

1—1 1:15

做法同左图

300   300

Φ100铸铁管

2—2 1:15

620
515   15 160 15

排水管坪始排水坡计

3—3 1:10

15 15   15 15

4—4 1:10

重庆市工业学校建筑设计室

				图 名	厕所平面、剖面图	工号	8901
制图	薛毅	总负责	荣功民		小便池坪图	图别	建施
设计	薛毅	审核			污水池坪图	图号	20-21
校对	袁林	日期	1990.2				

重庆市工业学校教学楼

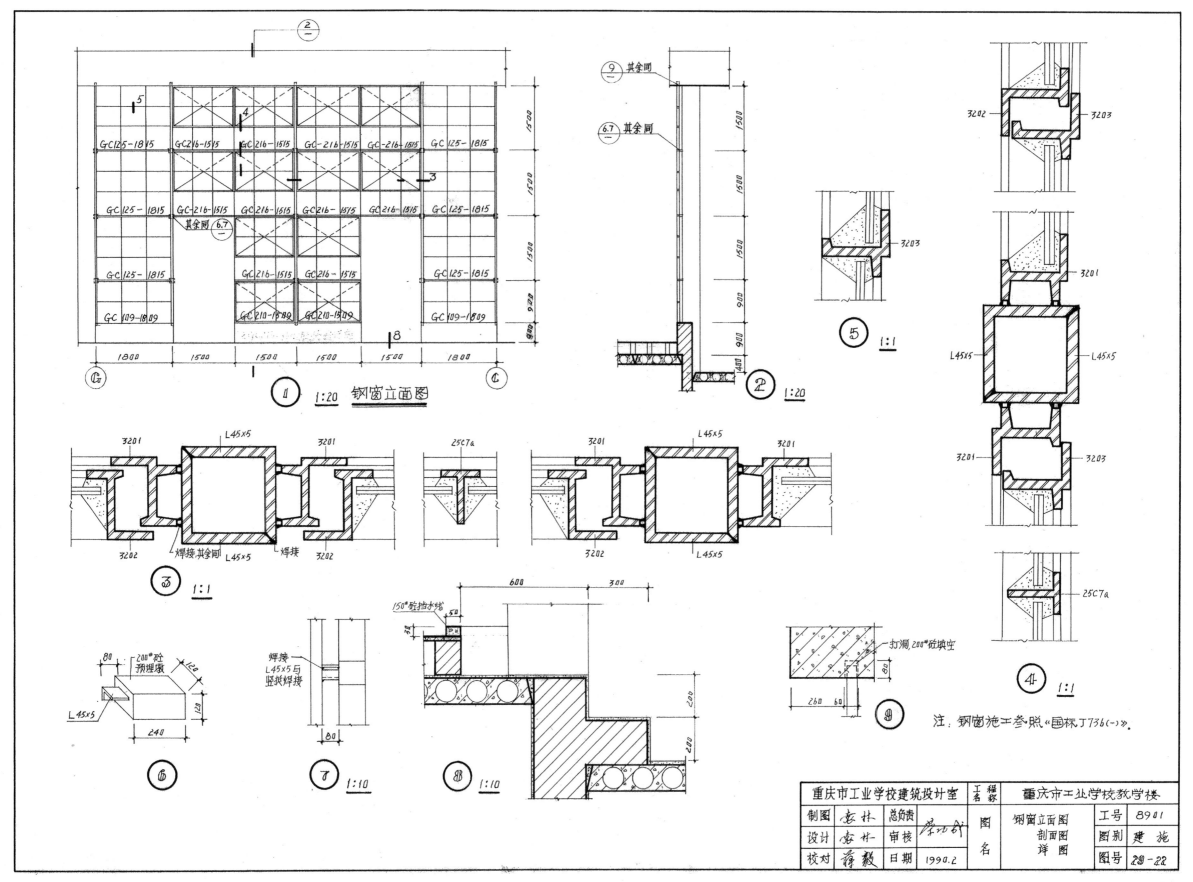

① 1:20 钢窗立面图

② 1:20

③ 1:1

⑤ 1:1

④ 1:1

注：钢窗施工参照《国标J736(一)》。

重庆市工业学校建筑设计室	工程名称	重庆市工业学校教学楼	
制图 素林 总负责	图名	钢窗立面图 剖面图 详图	工号 8901
设计 素林 审核			图别 建施
校对 译毅 日期 1990.2			图号 2①-22

21

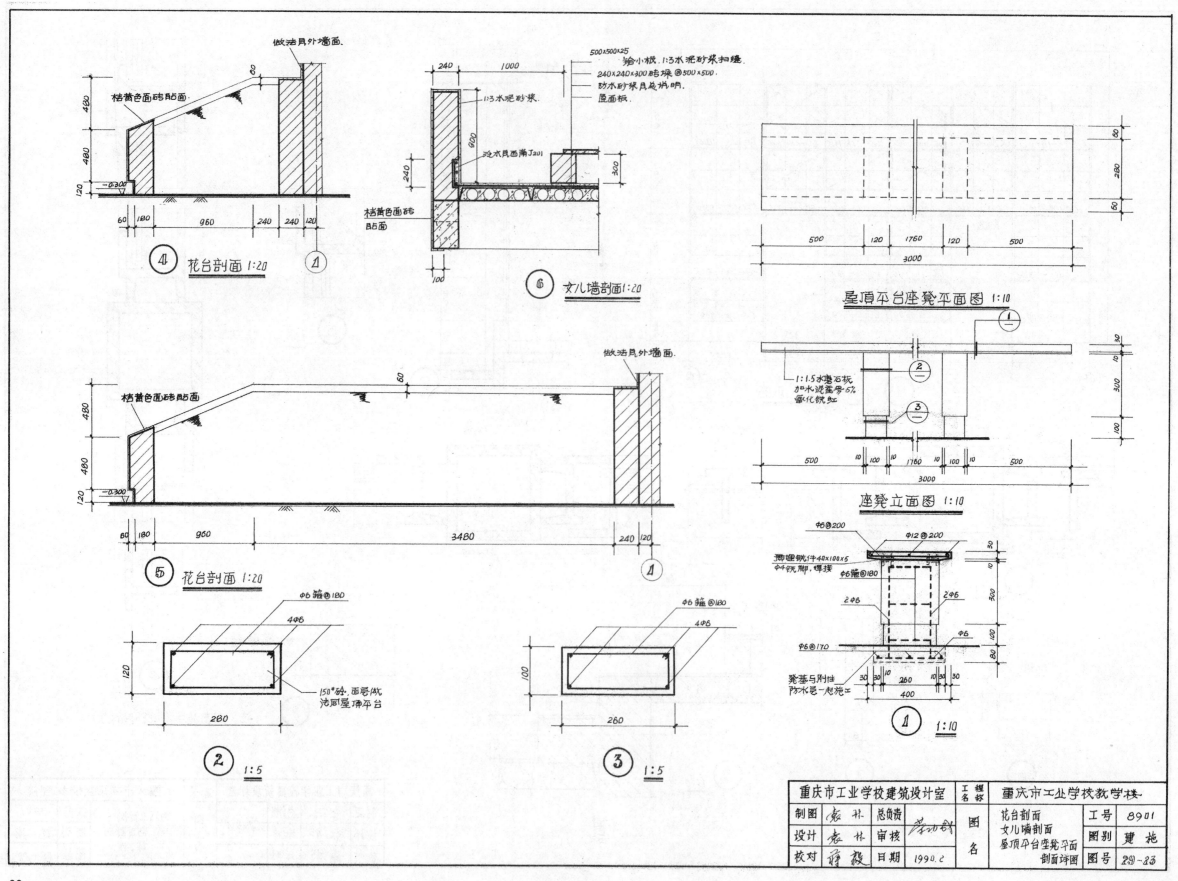

④ 花台剖面 1:20 ①

⑥ 女儿墙剖面 1:20

屋顶平台座凳平面图 1:10

座凳立面图 1:10

⑤ 花台剖面 1:20 ④

② 1:5

③ 1:5

① 1:10

重庆市工业学校建筑设计室		工程名称	重庆市工业学校教学楼
制图	袁林	总负责		图名	花台剖面 女儿墙剖面 屋顶平台座凳平面 剖面详图	工号	8901
设计	袁林	审核				图别	建施
校对		日期	1990.6			图号	29-83

22

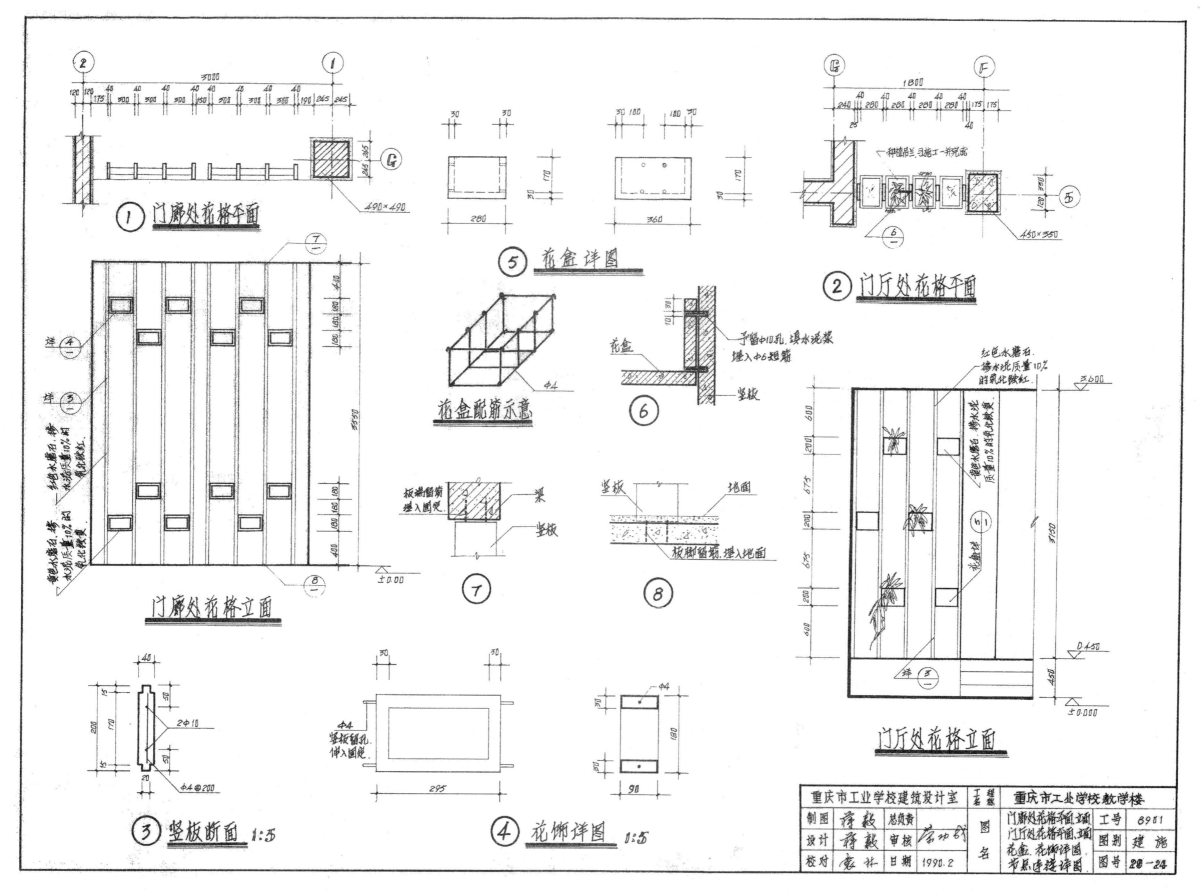

① 门廊处花格平面

⑤ 花盒详图

② 门厅处花格平面

门廊处花格立面

花盒配筋示意

⑥

⑦

⑧

③ 竖板断面 1:5

④ 花饰详图 1:5

门厅处花格立面

重庆市工业学校建筑设计室		重庆市工业学校教学楼
制图	总负责	门廊处花格平面.立面 门厅处花格平面.立面 花盒.花饰详图 节点连接详图
设计	审核	
校对	日期 1990.2	

工号	8901
图别	建施
图号	20-24

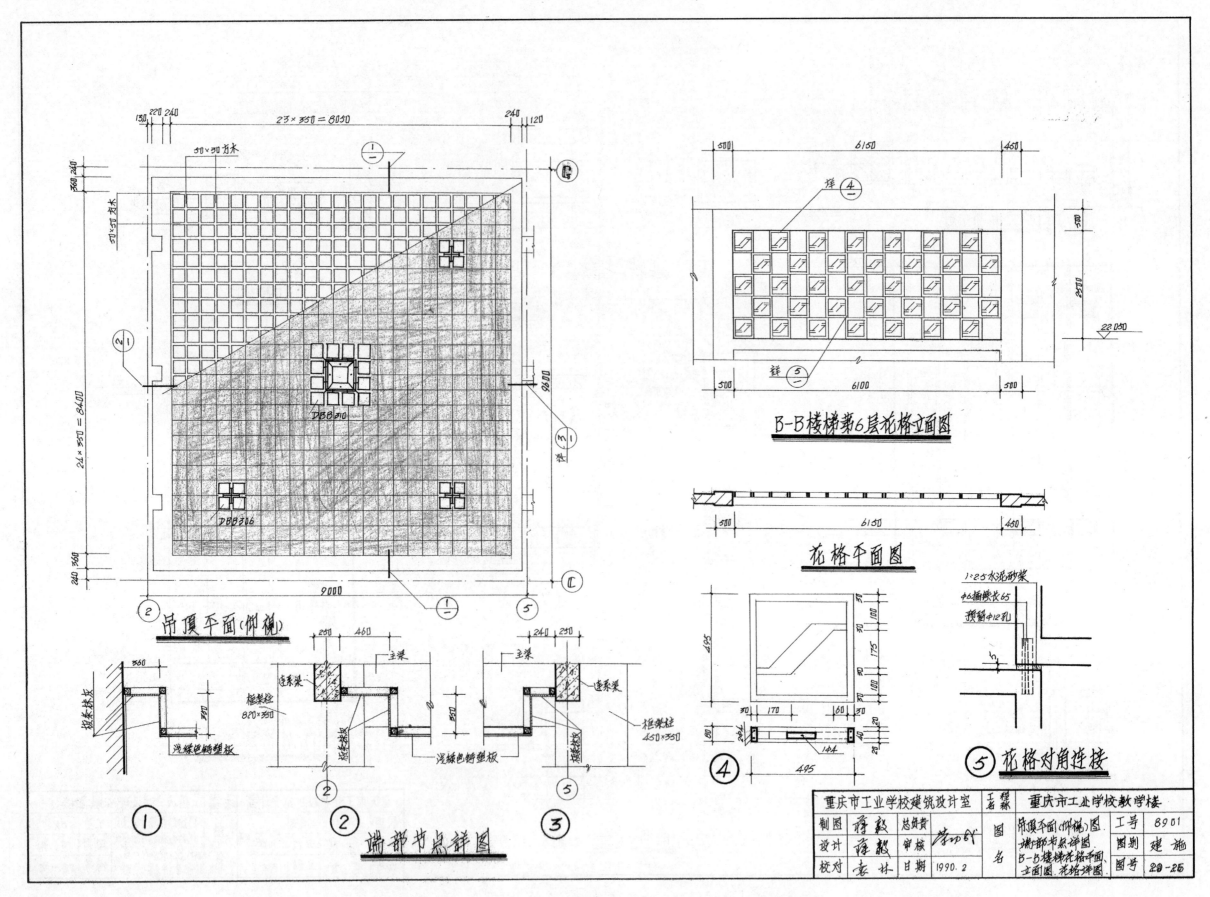

23×350＝8050

50×50方木

24×350＝8400

DBB310

DBB306

9000

② 吊顶平面(仰视)

600

6150 460

样④

样⑤

22.050

B-B楼梯第6层花格立面图

500 6150 460

花格平面图

1:2.5水泥砂浆
φ6插筋长65
预留φ12孔

495

④ ⑤ 花格对角连接

① 端部节点详图 ②③

重庆市工业学校建筑设计室　　重庆市工业学校教学楼

制图		总负责		图名	吊顶平面(仰视)图 端部节点详图 B-B楼梯花格平面 立面图,花格详图	工号	8901
设计		审核				图别	建施
校对		日期	1990.2			图号	20-25

24

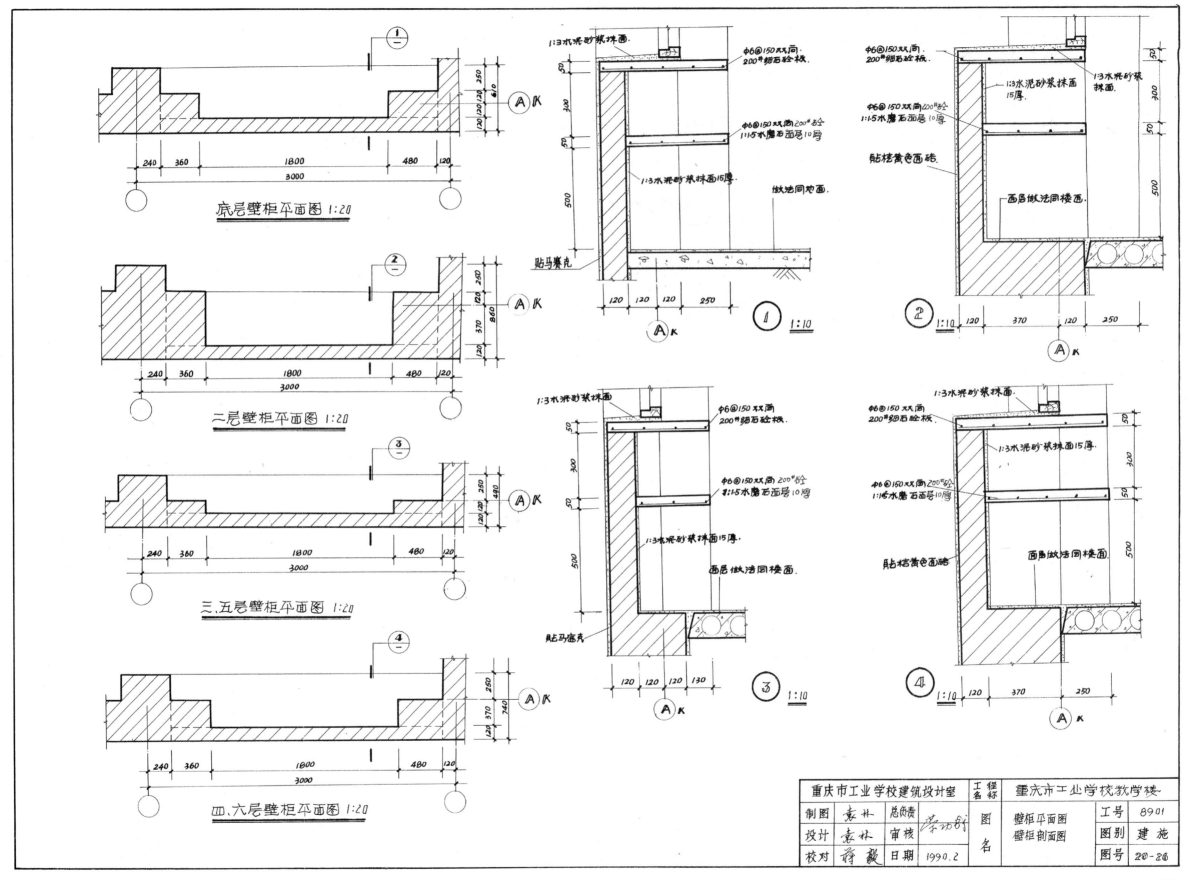

底层壁柜平面图 1:20

二层壁柜平面图 1:20

三、五层壁柜平面图 1:20

四、六层壁柜平面图 1:20

重庆市工业学校建筑设计室		工程名称	重庆市工业学校教学楼		
制图	袁林	总负责	荣功钊	图名	壁柜平面图 壁柜剖面图	工号	8901
设计	袁林	审核				图别	建施
校对	静毅	日期	1990.2			图号	20-26

25

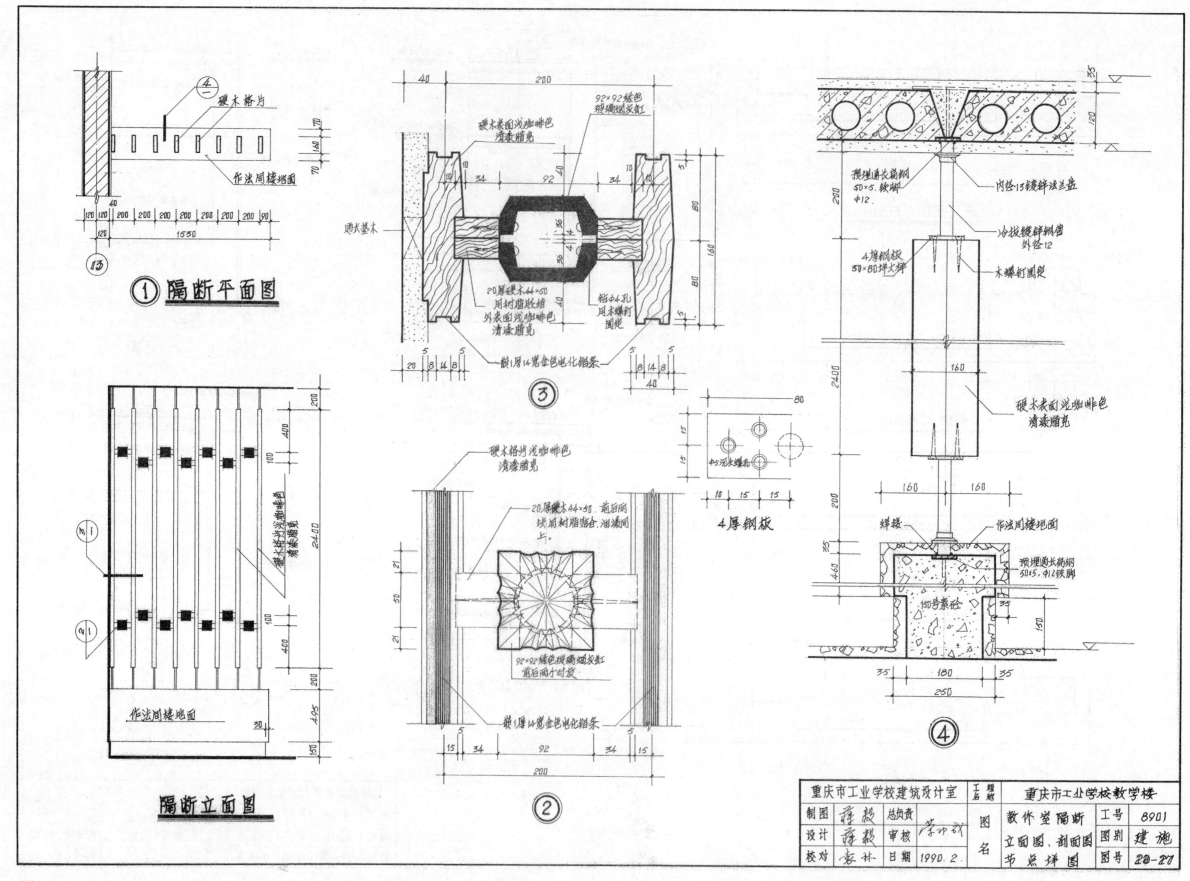

① 隔断平面图

隔断立面图

②

③

4厚钢板

④

重庆市工业学校建筑设计室

制图	谭毅	总负责	蒋仲钺	图名	教休室隔断立面图、剖面图节点详图	工号	8901
设计	谭毅	审核				图别	建施
校对	袁林	日期	1990.2.			图号	2B-27

重庆市工业学校教学楼

26

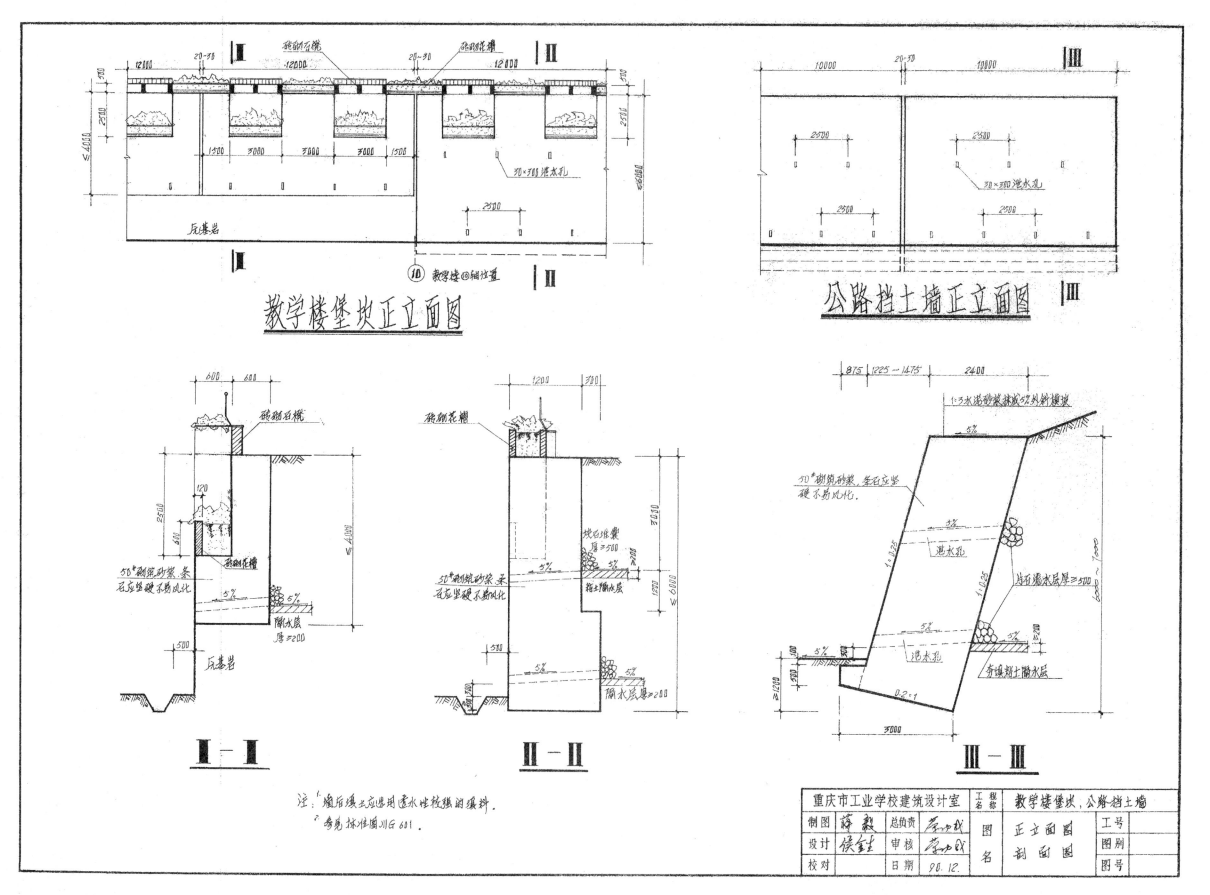

教学楼堡坎正立面图

公路挡土墙正立面图

Ⅰ—Ⅰ

Ⅱ—Ⅱ

Ⅲ—Ⅲ

注: 1. 墙后填土应选用透水性较强的填料。
    2. 参见抚标图川G 601。

重庆市工业学校建筑设计室		工程名称	教学楼堡坎,公路挡土墙		
制图	蒋毅	总负责	蒙力戎	图名	正立面图 剖面图	工号
设计	侯全生	审核	蒙力戎			图别
校对		日期	90.12.			图号